机器人学译丛

[英] 麦克·威尔逊（Mike Wilson） 著

王伟 贠超 等译

机器人系统实施

制造业中的机器人、自动化和系统集成

IMPLEMENTATION OF ROBOT SYSTEMS

AN INTRODUCTION TO ROBOTICS, AUTOMATION,
AND SUCCESSFUL SYSTEMS INTEGRATION IN
MANUFACTURING

机械工业出版社
China Machine Press

图书在版编目（CIP）数据

机器人系统实施：制造业中的机器人、自动化和系统集成 /（英）麦克·威尔逊（Mike Wilson）著；王伟等译 . —北京：机械工业出版社，2016.8（2018.1 重印）
（机器人学译丛）
书名原文：Implementation of Robot Systems: An Introduction to Robotics, Automation, and Successful Systems Integration in Manufacturing

ISBN 978-7-111-54937-6

I. 机… II. ①麦… ②王… III. 工业机器人 – 研究 IV. TP242.2

中国版本图书馆 CIP 数据核字（2016）第 231154 号

本书版权登记号：图字：01-2015-2808

ELSEVIER
Elsevier(Singapore) Pte Ltd.
3 Killiney Road, #08-01 Winsland House I, Singapore 239519
Tel: (65) 6349-0200; Fax: (65) 6733-1817

出版发行：机械工业出版社（北京市西城区百万庄大街 22 号　邮政编码：100037）
责任编辑：曲　熠　　　　　　　　　　　　责任校对：董纪丽
印　　刷：中国电影出版社印刷厂　　　　　版　　次：2018 年 1 月第 1 版第 2 次印刷
开　　本：185mm×260mm　1/16　　　　　印　　张：11
书　　号：ISBN 978-7-111-54937-6　　　　定　　价：49.00 元

凡购本书，如有缺页、倒页、脱页，由本社发行部调换
客服热线：（010）88378991　88361066　　　　投稿热线：（010）88379604
购书热线：（010）68326294　88379649　68995259　　读者信箱：hzjsj@hzbook.com

版权所有·侵权必究
封底无防伪标均为盗版
本书法律顾问：北京大成律师事务所　韩光 / 邹晓东

｜译者序｜

Implementation of Robot Systems：An Introduction to Robotics，Automation，and Successful Systems Integration in Manufacturing

机器人这一概念源自约 100 年前的科幻剧本《Rossum's Universal Robots》（罗素姆万能机器人）。它是人类创造出来模拟人类自身的、具有高度自动化和智能化的复杂机械电子设备，广泛应用在工业生产、日常生活和不适宜人类亲临的特殊环境中。随着机械、控制和软件等技术的进步，各种机器人的性能指标均得到了大幅提升。受到科幻电影的影响，机器人在人们心目中越来越具备拟人化的特征，甚至具备人类的情感。但是，现有的机器人还不具备人类的复杂感知和高度智能，因此可实现的机器人技术与艺术塑造的机器人角色存在相当大的差距。正是这种差距，一方面激发了学术界和产业界投身机器人研究的热情，另一方面也告诉我们成功应用机器人系统需要考虑当前技术水平和经济条件等限制因素。

本书的研究范围是工业机器人。工业机器人的广泛使用对现代工业产生了极其重要的影响，工业机器人的使用密度甚至成为衡量一个国家工业水平的标志之一。工业机器人一方面可以提高生产效率和产品质量，降低制造成本，另一方面可以适应柔性生产需求。正是因为工业机器人具有的这些优势，才使得越来越多的企业开始使用机器人，并把机器人集成到更大的制造系统中。现有的工业机器人还不能直接替代工人的智能化，在技术和经济可行的条件下，如何成功实施工业机器人应用？回答这一问题是本书写作的主要目的。特别是在劳动成本上升、企业面临转型升级压力的现实环境下，成功应用工业机器人将产生重要的社会效益。

本书采用平实的语言讨论机器人应用中应该注意的主要问题，力求避免论述某项具体的机器人技术。第 1 章讲述机器人和自动化技术发展史；第 2 章总结机器人类型和使用机器人的好处；第 3 章介绍机器人的周边配套设备；第 4 章列举机器人的典型应用领域；第 5 章概括如何设计机器人应用方案；第 6 章告诉我们如何制作机器人项目的用户需求说明书；第 7 章讨论如何对机器人应用做经济性分析；第 8 章指出如何成功实施机器人应用项目；第 9 章提出自动化战略。前 4 章主要涉及机器人和周边设备的总体技术问题，接下来的 4 章则专注于机器人应用项目的管理和实施，为应用工业机器人提供了详细的实际指导。

本书的翻译工作凝聚了翻译团队每位成员高昂的工作热情与细致的工作态度。翻译工作由北京航空航天大学王伟博士统一负责和最终统稿，负超教授和魏洪兴教授为本书的翻译提供了大量技术指导工作，研究生付小月和刘仲夏翻译了部分章节内容。其他参与翻译的人员还有北京航空航天大学的陈丹阳、祖天培、何丽鸿和王梓卓等同学。机械工业出版社的编辑在本书的出版过程中给予我们大力的支持、关心和理解，没有他们的无私奉献，也不可能有本书的面世。

本书适合高等院校机械、自动化、电子和计算机等专业的高年级本科生阅读，也适合正在研究工业机器人的教师和研究生作为参考书目，还值得正在从事工业机器人产品研发的工程师和企业管理人员借鉴。

尽管译者认真严谨，但受限于自身水平，特别是工业机器人应用范围非常广泛，难免有把握不准的地方，恳请各位读者批评指正，并将您的宝贵意见反馈给我们。最后，真诚期望本书对读者有益，为制造型企业转型升级提供帮助。

王　伟
2016 年 8 月

| 致　谢 |

Implementation of Robot Systems：An Introduction to Robotics，Automation，and Successful Systems Integration in Manufacturing |

感谢 Elsevier 出版社，使我有机会把我在机器人行业工作 30 多年所积累的知识和经验出版成书。特别感谢 Elsevier 的 Hayley Gray 和 Charlie Kent 两位同事，在本书写作最困难的时候，他们给了我巨大的鼓励。还要感谢我的父亲 Brian Wilson，是他把我带上了工程学的道路，在人生路上给我许多鼓励，而且他还为本书提供了诸多建议。

感谢与我共事的朋友和同事。能够与不同国家和不同行业的人分享自动化和机器人的好处，我感到莫大的荣幸。

最后，谢谢我的妻子 Elena，在本书写作的过程中，她给了我无微不至的照顾和最大的支持。

Mike Wilson

作者简介

Implementation of Robot Systems：An Introduction to Robotics，Automation，and Successful Systems Integration in Manufacturing

麦克·威尔逊（Mike Wilson），在机器人产业界工作超过 30 年。1982 年，他在克兰菲尔德大学获得工业机器人硕士学位。

他最开始在英国利兰汽车公司工作，从事机器人系统的开发与应用，尤其专注于机器人涂胶、密封和喷漆应用。1988 年，他转到 Torsteknik 公司（后来被安川公司合并）从事销售工作，面向英国的汽车零部件厂和金属制造厂销售机器人焊接系统。之后他转到 GMF（后来成为发那科机器人），主要面向汽车行业从事销售管理工作，后来他成为英国销售负责人，负责销售、金融、工程和客户服务等所有业务。

6 年后，他加入了 Meta 视觉系统公司（这是一家风险投资支持的英国公司），为机器人和焊接设备提供视觉引导系统。在此期间，两家视觉领域的公司进行了收购和整合，一家位于加拿大的蒙特利尔，另一家位于英国。Meta 公司 95% 的业务都在英国以外的地区，因此他有机会拜访许多海外客户，特别是欧洲、印度和北美。

2005 年，Mike 自己创业，为制造业和自动化供应商提供咨询服务和培训。他参与了来自意大利、韩国、荷兰和英国等国家的公司的项目，作为专家目睹了业内的许多争议性项目，并到华威大学从事教学工作。2012 年，Mike 加入英国的 ABB 机器人，从事销售管理工作。

在他的职业生涯中，Mike 还参加了英国贸易协会和其他相关组织。他在 1991 年加入了英国自动化和机器人协会，于 2009 年起担任该协会主席一职。他在 2000 ~ 2003 年担任国际机器人联盟（IFR）主席，成为该联盟唯——位连任两届的主席。

| 目　录 |

Implementation of Robot Systems: An Introduction to Robotics, Automation, and Successful Systems Integration in Manufacturing

Implementation of Robot Systems：An Introduction to Robotics，Automation，and Successful Systems Integration in Manufacturing

简　介

摘要

本章概括了全书的主要内容，并简要回顾了自动化的历史，区分了流程自动化和离散自动化。回顾了从 20 世纪 60 年代第一台工业机器人安装以来的工业机器人历史，概述了工业机器人技术发展中的里程碑。还讨论了机器人应用技术的发展，特别是那些受汽车工业驱动的机器人应用。另外，还讨论了机器人使用对就业的影响。

关键词：工业机器人，离散自动化，工厂自动化，Unimation 公司，PUMA，机器人密度

在 20 世纪 60 年代，工业机器人首次出现，对制造工程师来说，这预示了一个令人激动的时代。这种机器为工程师提供了一种前所未有的、能够实现自动化作业的机会。1961 年，通用汽车公司首次将工业机器人应用到制造过程中。从那时起，机器人技术取得了长足的进步，当今的机器人在性能、生产能力和价格等方面都完全不同于最早的工业机器人。已有超过 200 万台机器人安装在不同的工业领域，从而形成了一个全新的自动化领域。这些机器人为制造业和消费者带来了巨大的好处。在成功应用这些机器人的过程中充满了挑战，但是，在过去的 50 年中，那些机器人技术的先驱者也收获了宝贵的经验教训。

这些挑战大部分都是由于机器人与人相比存在局限性造成的。虽然机器人能够与人一样完成许多制造任务，甚至比人类做得还要好，但是，在当前技术条件下，机器人还不具有人类所有的传感能力和智能。因此，为了成功实现机器人应用，我们就需要充分考虑这些局限性，而且机器人应用必须要设计合理，使得机器人能够成功完成指定的任务。

本书为工程师和即将从事机器人应用的学生提供了诸多实践性的指导。本书的目的不是展示机器人技术细节，也不是展示机器人如何操作或者编程，而是传授一些经验教训，给那些机器人应用的新手提供指导。畏惧困难和期望值过高往往是使用机器人的最大障碍。尽管当前机器人的安装量非常大，但是全世界的许多公司仍然会因为引进了机器人技术而获得利益。他们不愿意使用机器人的主要原因是对未知的恐惧，往往抱着"机器人适合于汽车工业，而不适合我们"这样的念头。这种错误的念头阻碍了公司接受机器人技术并从中获利，从而阻碍了公

1

司的发展壮大和赢利能力。

1.1 本书范围

如上所述，本书的目的是为机器人系统的实际应用提供指导。一方面，许多学术性的书籍详细描述了机器人技术的来龙去脉。另一方面，机器人制造商和系统集成商通过因特网提供了许多机器人应用的实例。然而，很少有资料涵盖机器人系统实施的所有重要领域。虽然许多机器人专家从经验中获得了这方面的知识，但是他们没有时间整理成书以向其他人传授这些经验。

接下来，我们将介绍自动化的概念。自动化在不同的行业中含义有所不同。因此，理解在什么条件下机器人是恰当的，尤其是要理解在什么条件下机器人是不恰当的，这是至关重要的。术语机器人（robot）让我们联想到许多丰富的画面，从简单的物料操作设备到智能的仿人机器人。因此，我们有必要专门解释术语工业机器人（industrial robot）。本书主要讨论工业机器人。

尽管我们的主要目的不是详细讲解机器人技术，但是我们将简要介绍使用机器人的好处，以及机器人的构型、性能和特性等。对所有的机器人应用来说，这些都是必备的入门知识，因为这些知识为我们选择合理的、满足特定应用的机器人提供了基础。这是本书第 2 章的内容。

机器人由机械部分（典型情况下为机械臂）和相应的控制器组成。就它自身而言，这种设备没有什么用处。为了完成某个具体应用任务，机器人必须集成到一个包括多个其他设备的复杂系统中。第 3 章概述了重要的机器人周边设备。

第 4 章回顾了机器人的典型应用。当然，我们不希望这段综述把读者搞得精疲力竭。相反，这一章提供了许多在各种不同工业领域的机器人应用的具体实例。我们利用这些实例来阐述机器人应用中涉及的主要问题，特别是那些与特定工业领域或应用相关的问题。

本书的剩下部分概述了一个按部就班的流程，遵循这个流程就可以成功实现机器人应用。首先，在第 5 章中，我们讨论了开发机器人解决方案的初始流程，尽管这个流程通常是反复的，但最终的解决方案通常要等到经济性评价完成后才能确定。成功的机器人应用的关键是如何定义系统的技术要求。大多数情况下，用户往往会将机器人解决方案的实施外包给外部供应商，比如系统集成商，供应商必须清楚地理解即将实施的机器人系统的需求和限制条件。这些内容一般都写在用户需求说明书里。如果没有这个说明书，用户与供应商之间就会缺少清晰的理解，从而导致项目失败的可能性大增。用户需求说明书的目的就是传达这些重要信息。在本书的第 6 章中，我们将讨论如何制定这一关键文件。

当然，机器人系统的实施必须给终端用户带来好处。这些好处通常是经济上的，经济性评价必须在项目的开始阶段就明确下来。通常情况下，除非经济性评价可行，否则用户是不会继续推进购买机器人系统的，这与其他资产投资的道理是一样的。因此，终端客户的决策制定者需要看到一份具有说服力的经济性评价。所以，经济性评价与机器人解决方案的工程设计一样重要。这还不只是确定可以节省多少劳动力。机器人系统还能够带来其他在经济上可以量化的好处。许多情况下，机器人系统没有实施的主要原因是经济性评价无法满足企业的财务要求。然而，依靠正确的方法并进行详细的分析会有利于经济性评价。这些内容将在第 7 章中介绍。

所有成功的项目都需要一套对项目计划和管理井然有序的方法。从这个角度来看，机器人系统应用也是如此，尽管问题总是难以避免的，特别是对那些开始尝试使用机器人技术的公司。第 8 章涵盖项目计划、供应商选择、机器人系统的安装和操作等诸多环节，提供了成功实施机器人应用的指导案例。特别值得一提的是，本章考虑了一些共性问题，并告诉读者如何避免发生这些问题。

最后，第 9 章总结了机器人系统实施流程。本章还为刚刚涉足机器人技术的工程师和公司提供了一些想法和建议，便于他们从制定自动化战略中获益。自动化战略为制造业提供了一个宏观的计划。依靠该计划，制造商可以扩展他们的专业能力，并把自动化应用作为公司总体目标的一部分。

1.2　自动化引论

自动化可定义为"利用机械或电子设备对设备、流程或者系统进行自动化控制的操作，替代人工操作"。基本上，自动化就是利用机器取代手工劳动来完成任务，它能够实现运动、数据采集和制定决策。因此，自动化涵盖了多种形式的设备、机器和系统，小到简单的取放操作，大到核电站的复杂监控系统。

工业自动化起源于工业革命和 1769 年詹姆斯·瓦特（James Watt）发明蒸汽机。紧随其后的是 1801 年的提花穿孔卡片织布机和 1830 年的凸轮编程车床。这些早期的工业机器更准确的定义是机械化，因为它们全是机械装置，几乎不能编程。1908 年，亨利·福特（Henry Ford）实现了 Model T 轿车的批量生产，英国的 Morris 汽车公司在 1923 年利用自动化传送机进一步提升了生产效率。随着 MIT 的数控机床的发展，第一套真正可以实现编程的设备直到在 20 世纪 50 年代才发明出来。1961 年通用汽车安装了第一台工业机器人，1969 年安装了第一台可编程逻辑控制器。1985 年发明了第一个工业网络，即制造自动化协议（Manufactring Automation Protocol，MAP），所有的这些进展形成了今天的自动化系统。

机器人是自动化的一种特定形式。为了理解机器人在制造业中的地位，就必须能够区分自动化的不同类型。第一个显著的区别是离散自动化和流程自动化。离散自动化（或者叫作工厂自动化）能够快速执行间歇运动，通常包括大型机械部件的高精度搬运和定位等运动。整个车间包括许多来自不同制造商的机器，这些机器经常可以单独实现某一环节的自动化。相反，流程自动化是为连续流程而设计的。工厂一般都包括封闭的泵系统，用于将介质通过管路和阀门传送出去。阀门与容器连接，在容器里添加、混合材料并进行温度控制。简而言之，离散自动化通常都与单独的工件有关，而流程自动化控制流体。

化工厂和炼油厂有很多流程自动化的实例。汽车生产线上的设备一般都属于离散自动化，而食品和饮料行业的设备往往包括这两种自动化形式。流程自动化提供基本产品（比如牛奶），而当产品被放入单个的包装袋、瓶子或易拉罐后，工厂自动化则处理这些产品。

按照上面的分类，机器人是离散自动化或工厂自动化的一种形式。离散自动化又可以分为刚性自动化和柔性自动化。刚性自动化专门针对某一特定的任务，因此，它对该任务的作业效率极高。刚性自动化几乎没有什么适应性，但是运行效率极高，最典型的例子就是香烟生产机械。柔性自动化提供一定的柔性和适应性。它要么可以利用相同的设备处理不同的产品，要么可以重新编程执行其他任务或操作其他产品。对于刚性自动化和柔性自动化之间的选择，主要考虑性能指标，一般情况下，柔性自动化不够优化，难以达到刚性自动化那么高的生产效率。机器人是柔性自动化的一种典型形式，因为机器人可以应用于不同类型的应用中。

1.3 机器人演变

捷克斯洛伐克作家卡雷尔·恰佩克（Karel Capek）在他的科幻剧本《Rossum's Universal Robots》（罗素姆万能机器人）中首次使用了"机器人"这个词。它根据捷克文 Robota 演变而来，原意为"劳役、苦工"。创作于 1920 年的这部科幻剧本把机器人描述成一种为人类主人服务的智能机械并最后统治了全世界。现在的机器人概念即起源于此。其他作家进一步发展了这个概念。特别是在 20 世纪 40 年代，美国科幻巨匠阿西莫夫（Isaac Asmiov）提出了"机器人三法则"：

- 第一法则：机器人不得伤害人类，或坐视人类受到伤害。
- 第二法则：除非违背第一法则，否则机器人必须服从人类的命令。
- 第三法则：在不违背第一及第二法则的情况下，机器人必须保护自己。

虽然这些法则是虚构的，但是它们的确为当今开发机器人智能和人 – 机器人交互的研究人员提供了基石。

机器人有多种形式。由于受到电影《Star Wars》（星球大战）中 C3PO 科幻机器人先入为主的影响，公众往往将机器人联想为智能化的人性设备，但现有的机器人技术完全不是这么回事。学术界将机器人分为两个不同的领域——服务机器人和工业机器人。服务机器人可以应用于很宽泛的领域，包括军方的无人飞船、挤牛奶的机器人、外科手术机器人、搜索和救援机器人、扫地机器人和教育玩具机器人等。由于服务机器人所处的工作环境和应用领域不同，所以它们在尺寸、性能、技术水平和成本方面千差万别。服务机器人市场正在快速扩大。服务机器人的供应商一般都来自于非工业领域。当然，服务机器人与工业机器人也有某些技术交叉点，但是机械本体则完全不同。

本书主要关注工业领域的机器人。这些机器人主要用于满足工业需求，因此它们不像服务机器人有那么多变化。下面是业界广泛接受的工业机器人定义（ISO 8373），由国际机器人联盟（International Federation of Robotics，IFR）于 2013 年发布（IFR，2013）。

机器人具备自动控制及可再编程、多用途功能，机器人操作机具有 3 个或 3 个以上的可编程轴，在工业自动化应用中，机器人的底座可固定也可移动。

该定义明显区分了机器人和其他自动化设备，比如取放单元、机床和出入库系统。

工业机器人产业始于 1956 年，Joseph Engelberge 和 George Devol 创办了 Unimation 公司。Devol 早先注册了"Programmed Article Transfer"这一专利，之后他们两人联合开发了第一台工业机器人——Unimate（如图 1-1 所示）。Unimation 将第一台机器人安装到位于新泽西州特伦顿的通用汽车工厂，用于压铸件的码垛。该机器人是一套由液压驱动的机械臂，逐步执行存储在磁鼓上的指令。首次大规模安装也是在通用汽车，这次案例是 1969 年安装在洛兹敦的总装厂，将 Unimation 的机器人用于点焊作业（如图 1-2 所示）。这些机器人使得 90% 以上的点焊任务实现了自动化，而之前仅有 40% 能够实现自动焊接，剩下的必须手工操作。挪威 Trallfa 公司早先开发了喷漆独轮车，1969 年提供了第一台商用喷涂机器人。随后，Unimation 公司于 1969 年与 Kawasaki 公司签订了技术协议，日本的机器人产业开始快速崛起。到 1973 年，全世界安装了 3000 台机器人。

德国 KUKA 公司在刚开始使用 Unimation 公司的机器人，之后于 1973 年开发了自己的机器人。这批机器人拥有 6 个电机驱动轴。同年，日本 Hitachi 公司首次集成了视觉系统，使得机器人能够跟踪移动目标。该机器人在移动的模具上将螺栓拧紧，用于生产混凝土桩。截至 1974 年，辛辛那提公司的 Milacron T3 是第一

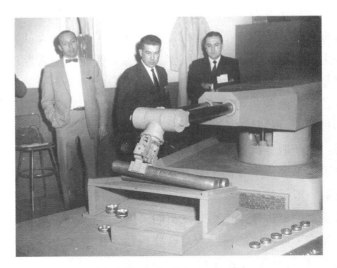

图 1-1　第一台 Unimate 机器人

图 1-2　通用汽车洛兹敦工厂的机器人

台微机控制的商业机器人。同样在这一年，第一批弧焊机器人安装在工业现场。这批机器人由 Kawasaki 制造，用于焊接摩托车框架。

　　第一台全电子微机控制的机器人 IRB 6，于 1974 年由瑞典 ASEA 公司发布。这种机器人模仿人体手臂机构，负载 6kg。第一台安装后用于抛光不锈钢管（如图 1-3 所示）。1975 年，基于直角坐标构型（见 2.1 节）的 Olivetti Sigma 机器人首次用于装配。1978 年，Unimation 公司获得通用汽车的支持，开发了可编程通用装配机器（PUMA）。同样在 1978 年，第一台选择顺应性装配机器手臂（SCARA）开发成功（见 2.1 节）。PUMA 机器人和 SCARA 机器人都是针对装配应用而设计的，具有有限的搬运能力，但是具有很好的重复性和很高的运行速度。

图 1-3　第一台 IRB 6 机器人

　　1979 年，日本的 Nachi 公司开发了第一台电机驱动的重载机器人。这些机器人比液压驱动的机器人具有更高的性能和可靠性，电机驱动成为工业标准。1981 年，第一台龙门机器人（gantry robot）被设计出来，它的运动范围远大于传统机器人。截至 1983 年，全世界已经安装了 66000 台机器人。

　　第一台直接驱动的 SCARA 机器人由美国 Adept 公司于 1984 年发布。电机直接与手臂连接，不需要中间的齿轮、链条或皮带等传动件。这种简化设计提供了更高的精度和更好的可靠性。1992 年，第一台三角形构型机器人用于包装椒盐脆饼。这种设计后来被瑞典 ABB 公司采纳，用于 FlexPicker 机器人，这是当时最快的拾取机器人，每分钟执行 120 次拾取操作。截至 2003 年，全世界有 80 万台机器人。

　　截至 2004 年，机器人控制器的能力得到了大幅提升。日本 Motoman 公司发布了一种新的控制器，它能够同步控制 38 个轴，同时控制 4 台机器人手臂。其他控制器技术也在发展，比如使用基于 PC 的系统、运行 Windows CE 操作系统、使用带触摸屏和彩色显示的示教器等。

　　诸多技术发展都是由汽车工业需求推动的。由于第一台机器人在通用汽车的成功安装，汽车行业成为工业机器人的主要用户，现在依然是机器人的最大用户。然而，当今的机器人也应用在更广泛的领域，从食品工业到航空制造。国际机器人联盟（IFR）从 1988 年开始收集机器人安装数据，每年发表有关世界机器人的年报。不同行业的机器人的使用量如图 1-4 所示。机器人在各个工业化国家都得到了应用，图 1-5 展示了世界范围内机器人使用数量的上升。

9

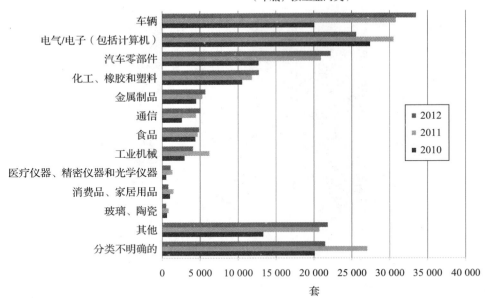

图 1-4　按行业划分机器人的使用量

来源：IFR World Robotics，2013

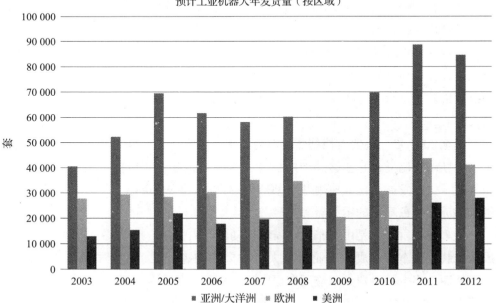

图 1-5　世界范围机器人的使用量

来源：IFR World Robotics，2013

1.4　机器人应用的发展

机器人广泛应用于制造业以及娱乐产业。国际机器人联盟（IRF）在"World Robotics"（世界机器人）报告中指出，截至 2012 年年底，机器人的使用量已经超过 100 万台（IFR，2013）。其中，有接近一半的机器人应用于汽车工业，包括汽车零部件行业。其次是机器人应用的第二大板块，约 18% 的机器人应用在电气和电子工业。再次是塑料和化工行业，约占 10%。金属和机械行业约占 9%。汽车行业一直是机器人的最大用户，因此，汽车行业不仅影响机器人的发展，还影响机器人应用的发展。

1.4.1　汽车工业

在汽车工业中，机器人最早被用于点焊，将各个冲压件拼焊成车身。机器人具有很好的重复性和灵活性，使大部分手工焊接工作站实现了自动化。机器人焊接发展源于手工焊接，因此，它们通常都包括将工件在焊接工作站之间移动的输送装置，而每一个焊接工作站则由多个操作焊枪的机器人组成，如图 1-6 所示。机器人点焊装备基于手工焊接包，包括外置的变压器和笨重的电缆，它们为焊枪提供电源。为了提供足够大的负载，早期的机器人均采用液压驱动，尽管它们很快就被电动伺服机器人所替代，因为电机驱动具有更好的性能和重复性。随着电机驱动机器人的负载能力的提升，变压器和焊枪集成在一起，从而不再需要那么多笨重的电缆。因为电缆磨损不像之前那么快了，所以这些技术的进步提高了机器人焊接的可靠性。

图 1-6　车身点焊作业

最近，在焊接单元内，机器人被用来搬运工件，主要是搬运一些子部件，要么利用固定焊枪形式，要么其他机器人安装焊枪。这种方案提升了系统的柔性，也扩大了机器人的数量。这种新方法的驱动力是更短的汽车设计生命周期和同样的设备生成更多种不同的产品。

12 焊接装备的技术和性能也得到了提升。例如，一些工厂采用了伺服驱动焊枪。这种焊枪完全由机器人控制。这种机器的好处是缩短了生产时间，因为焊钳的打开或关闭操作可以在机器人到达指定位置之前开始，焊钳开闭的大小也可由特定的焊接工序来控制。类似的操作，如自冲铆钉和螺柱焊接，在使用机器人后，大部分都实现了自动化焊接。除此之外，工业界对激光焊接表现出越来越高的兴趣。虽然机器人激光焊接成本较高，但是在某些情况下，性能和焊接质量更胜一筹。专门的激光焊接机器人被开发出来，提供激光焊接的整体解决方案，提升了可靠性和性能。

喷涂和车内密封是较早在汽车行业应用机器人的两个领域。由于喷涂车间的工作环境较差和追求涂装质量一致性，催生了机器人在喷涂行业的应用。喷涂作业最开始采用液压机器人，因为喷涂车间的气体和颗粒浓度很高，所以不允许使用电机。防爆型喷涂机器人的开发成功，解决了这个问题，从而快速提升了性能和喷涂机器人使用的便利性。早期的机器人采用示教编程，喷涂工人直接握住机器人手臂，拉动机器人走所需轨迹，大多数时候是边喷边走。机器人能够记录该轨迹并重复执行。这种编程方法的好处是可以实现路径的快速生成，但是限制了路径编辑和修改。因此，开发复杂的机器人程序就会费时费力。离线编程，利用一个包括机器人、喷涂工具和车身的仿真环境，成为更受欢迎的编程方法，并且行之有效，被广泛使用。

在典型的喷涂车间，许多其他自动化设备也用于喷涂，包括喷枪往复机和静电旋杯喷涂等。它们特别适用于在线体移动时，喷涂外表面。除了这些机器外，机器人通常被用于喷涂内表面，包括发动机舱、行李箱和车门等。为了到达这些区域，人们开发了与喷涂机器人协作的开启装置。伺服跟踪也允许机器人在整个喷涂车间跟随车身形状。

13 如今，机器人汽车喷涂系统能够实现整体解决方案，对涂料和空气混合做全闭环系统。该方案允许在喷涂过程中调整喷涂参数，从而获得最佳效果。除此之外，颜色变换器也被集成到机器人手臂中，以减少颜色更换过程中的时间和涂料浪费。机器人还能够被安装更多的喷涂装备，包括空气喷涂、静电空气喷涂和静电喷涂杯等。每一种装备都有特定的好处，因此，对于某一特定的应用，机器人都能与最佳装备匹配。

车内密封原本是一项令人不愉快的工作，使用机器人后，就不是这样了。刚开始时，喷涂机器人因为便于编程而被使用。然而，标准机器人也可以完成喷涂作业。机器人用于接缝密封是因为我们需要把密封条准确地放置在车身的接缝位置。这就需要使用标准机器人，以便达到所需要的精度。人们利用视觉系统来确定车身的位置，使得密封系统能够适应车身的微小变化，在密封位置依然保持足够高的精度。后来，人们通过使用闭环流体控制来实现更精确的控制和随密封要求而改变输出，进一步提升了应用水平。粘接应用也快速地实现了，同样也是以粘接质量为驱动力。这些应用包括直接安装汽车玻璃、涂抹粘接剂然后将玻璃安装到车身上，还包括其他各种粘接应用，比如发动机罩内面板和外面板的装配等。

车身面板是在冲压车间生产的。面板也有可能是汽车原始设备制造商（OEM）或者他们的一级供应商生产的。机器人应用于冲压线已有多年，用于在不同的冲压机之间输送面板。这些机器人可以替代手工输送或者替代专用的"铁手"或其他输送装置。在某些领域中，冲压线发展得更加成熟，现有的大型冲压线自带搬运设备，利用机器人来进行上下料操作。然而，对于更多的传统冲压线，只是在冲压机之间使用机器人，仍然还有很大的自动化提升空间。

机器人在汽车总装中的应用要慢于车身车间的应用，这多半是因为所操作工件的难度和在车身内部作业的需要等因素。然而，现在许多应用都具备使用机器人实现自动化作业的潜力。公司在流程方面（例如，手工作业、半自动化或使用机器人的全自动化）的决策基于成本因素而非技术障碍。

相似地，在发动机装配中一开始就使用的机器人并不多。装配操作通常都由专门的设备来完成，实现更大的产量和更高的刚性自动化。由于柔性需求的增加，机器人在现代化的发动机装配厂正在被大量地使用。除了常见的搬运操作和机床之间输送工件外，机器人应用还包括装配和去毛刺。

1.4.2　汽车零部件

汽车零部件行业紧跟汽车工业，使用了大量的机器人。它们使用机器人技术作为提升质量和生产柔性的手段，以满足用户的需求。由于所生产的工件差别很大，机器人在不同行业的应用也千差万别。在大多数情况下，机器人工作站是独立的，而不是作为另一个更大自动化系统的部件，因为生产一个完整的组件只需要较少的操作。这些应用大概可以分成几类：塑料、金属加工、电气和电子，以及装配。

车辆上有大量的塑料工件，包括内饰件（如仪表盘）和外饰件（如保险杠、门把手和扰流板等）。在这些工件的生产过程中，机器人被用于注塑机下料、清理、水切割、装配（包括粘接和焊接）和喷涂。

金属加工应用包括生产车身的子部件，以及其他一些大型工件，如排气系统等。在车身子部件方面，如悬挂系统，机器人应用包括压机上下料，以及点焊和弧焊。弧焊是机器人在排气系统制造中的主要应用领域，用于组装排气系统的各个工件，如排气管、法兰、安装支架、消音器和催化转化器。需要指出的是汽车零部件的弧焊作业主要是在零部件供应商处完成而不是在总装厂。

许多机械工件装配在一起才能变成汽车的动力部件。这些机器人应用包括机床上下料、磨削、去毛刺和其他金属抛光应用。类似地，车灯、空调单元、电子和其他车内子部件由多种机器人来完成装配和测试。

15

1.4.3　其他领域

近些年，电气和电子行业见证了机器人使用量的大幅增长。许多专用机器被使用，例如用于制作印刷电路板的机器。然而，机器人被用于印刷电路板的上下料、测试、装配更大组件，以及许多其他应用领域。电子行业机器人快速增长的主要动力是消费电子产品的产量增加，比如手机和平板电脑等。电子行业的机器人主要应用在亚洲。

食品工业一直被认为是机器人应用的一个主要潜在增长点，主要是因为这个行业包括了大量的手工操作。然后，这个行业还没有大量使用机器人，我们仍面临着许多挑战。首先，这个行业的人工费用低于其他行业（比如汽车行业），使得自动化的经济性不高。其次，产品往往是有机物，难以操作。除此之外，产品在尺寸和外形上也不均匀。还有卫生管理规定，特别是那些操作裸露食物的规定，也对自动化设备提出了特殊要求，比如冲洗，会增加设备成本。最终的目的是建立一个全自动化的食品工厂，能提供更好的卫生条件，因为这样可去除最大的污染源——操作人员。

1.4.4　未来的增长点

IFR 的一项分析数据是制造工业中的机器人密度，或者叫作每 1 万名员工的机器人的台数。图 1-7 展示了机器人使用量最大的几个国家的汽车行业和其他工业领域的机器人密度对比。该图证明全世界范围内机器人的巨大潜力。如果非汽车行业应用的机器人达到汽车行业这么高的比例，将使得机器人安装台数大幅增加。即使在汽车行业，仍然存在许多潜在的新的机器人应用领域，特别是在机器人还未曾应用到的修边和总装配等操作。在发展中国家，特别是在中国、巴西和印度，机器人的增长潜力巨大。随着当地消费者需求和影响的增长，这些国家将会产生旺盛的需求，从而推动工业界提供更多的产品，反过来就会使用更多的机器人。

16

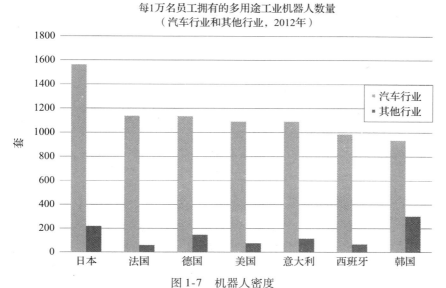

图 1-7 机器人密度

来源：IFR World Robot, 2013

1.5 机器人与就业

有关机器人的主要误解就是在工厂里安装机器人会导致失业。通常情况下，安装一台机器人会减少一些工作任务。然而，这些任务的自动化会提升企业的竞争力，使企业规模扩大，从而创造更多的岗位。通常，机器人安装在肮脏（dirty）、危险（dangerous）和劳动强度大（demanding）的场合，即所谓的3D。因此，机器人所替代的这些岗位对工人来说是不适宜的。而创造的新工作（比如编程或维护机器人系统）需要更高的技能，回报更大，通常薪水也更高。

自从工业革命以来，工业领域的就业趋势一直都是减少直接雇用的工人数量。每一项新技术的发明都会减少生产过程中的直接手工劳动输入。制造业的成功经验告诉我们，技术革新会在服务行业创造更多的岗位。这种趋势还将延续，从某种程度上说，机器人与其他机器没有什么区别。

更好的产品质量和更低的制造成本将促使市场扩大，因为更多的人可以买得起，并且愿意购买。这也会给就业形势带来正面影响。例如，如果汽车还是用50年前的技术来制造，那么汽车的可靠性会很低，而且昂贵无比。因此，销售会萎缩，汽车产业也会低迷。对于某些产品，比如最新的智能手机和平板电脑，如果不用自动化和机器人，无法按照消费者能够接受的价格来制造。

所有这些因素都呈现在 IFR 的 2011 研究报告中，截至 2011 年全球已安装

17

100 万台机器人，创造了接近 300 万个就业岗位。差不多是每个机器人创造 3 个岗位。这些岗位还不包括间接创造的工作岗位，比如市场和销售岗位。研究报告指出，这种趋势还将继续。

因此，所有公司都必须积极考虑使用自动化和机器人来确保和提升它们的竞争优势。这一点在薪资高的行业显得尤为突出，在完成高附加值工作时，员工的技能和水平将会完全发挥出来。这与做重复流水线工作是不同的。当今的经济是全球化的，所有的行业都有必要意识到竞争，也许是海外竞争，能够改进操作和强化竞争优势。持续提高的健康和安全要求也提醒我们重视那些繁重且危险的劳动。

使用机器人的意愿还在上升，所有的企业都需要具有自动化的意识和技能，并能够做出恰当的决策。成功使用机器人系统的经验往往来自过去的失败教训。使用本书中的正确方法，我们就可以避免犯错，安装机器人系统就能够达到使用者的期望。这也会为制造业提供积极意义，提升产品质量和工作环境，为投资人、工人、企业家和消费者带来福利。

Implementation of Robot Systems: An Introduction to Robotics, Automation, and Successful Systems Integration in Manufacturing

工业机器人

摘要

从工业机器人的定义开始，本章更详细地讲述工业机器人，介绍不同的构型，包括关节臂型、SCARA 型、直角坐标型、并联型（或三角型），讨论每一种构型的典型应用和市场份额。在选择机器人时，需要考虑机器人性能等关键问题，包括工作空间和重复性。本章回顾机器人数据表的主要内容，讨论机器人给系统集成商和终端用户带来的好处，还介绍了使用机器人为制造业带来的 10 个主要好处。

关键词：机器人构型，关节臂型，SCARA 型，直角坐标型，并联型，三角型，工作空间，重复性

按照 ISO 8373（IFR，2013），工业机器人定义如下：

机器人具备自动控制及可再编程、多用途功能，机器人操作机具有 3 个或 3 个以上的可编程轴，在工业自动化应用中，机器人的底座可固定也可移动。

对于这个定义，具体的阐述如下：
- 可再编程——在物理结构不变的情况下，可改变运动和辅助功能。
- 多用途——通过物理结构的改变能够适应不同的应用环境。
- 轴——机器人结构的一个独立的运动要素，可以是旋转运动或直线移动。

除了这些通用工业机器人外，还有许多专用工业机器人不在这个定义范围内。例如，用于机床上下料和印刷电路板组装的机器人不满足这个定义，因为这些机器人是专用的，用来完成特定的工作，不是多用途的。

正如第 1 章所提到的，第一台工业机器人于 1961 年应用于通用汽车。从那时起，机器人技术得到了飞速发展，现在所用的机器人与最早的机器人相比较，在性能、功能和成本上都有了很大的不同。各种结构型式都被设计出来，以便满足各种应用需求。

这些不同的构型来自机器人设计师的奇思妙想，并结合了技术进步，使得机械设计有了新的方法。最值得一提的是，电机驱动替代了液压驱动，以及随着电机驱动性能的提高，提供了更大的负载能力，具备更高的速度和精度。

在最初的工业机器人上，液压是主要的动力来源。液压能够提供较大的负载

能力，早期用于汽车工业的点焊应用。然而，它的响应慢并且重复性和轨迹跟随能力受到限制。最开始安装的那些机器人，在生产开始前就需要预热，以便确保机器人能够达到汽车车身的焊接一致性。

气动也是一种低成本的动力来源。然而，由于缺少精确控制，它不能达到较高的重复性。液压也用于早期的喷涂机器人，因为当时电机驱动还不能用于带有爆炸性环境的喷涂车间。喷涂的本质是用一个带有 12 英寸宽扇面的喷枪，离工件表面大约 12 英寸，并不要求重复性和其他应用控制。因此，实践证明液压驱动是成功的机器人应用。

各种不同形式的电机驱动已经广泛使用。最初，直流伺服电机最普遍。直流伺服电机的负载能力有限，由于焊枪的重量较大，所以最开始在点焊行业应用局限性较大。步进电机用于高精度、低负载的环境中。交流伺服电机商业化批量生产之后，替代了其他驱动方式，成为主流。其性能持续改进，控制更加容易，具有更高的重复性和精度，以及更大的负载能力。交流伺服电机现在应用于几乎所有的机器人设计中。

2.1 机器人的结构

工业机器人通常是某种由各种不同构型构成的铰接结构形式。业界把最常见的工业机器人分为：

- 关节臂型
- SCARA 型
- 直角坐标型
- 并联型（或三角型）
- 圆柱坐标型

其结构和好处将在下面具体介绍。这些结构是通过一定数量的旋转和直线运动或关节连接而成的。每个关节所提供的运动的共同作用使机器人的结构或手臂可以处于一个特定的位置。工具一般安装在机器人的末端，为了实现工具定位和空间任意定向功能，需要 6 个关节，或者 6 个自由度，即通常所说的 6 根轴。

工作空间是机器人运动所能操作的范围。典型的工作空间如图 2-1 所示，工作空间是第 5 轴中心可达到的范围。因此，在工作空间的任意位置，机器人把工具定位在任意角度。工作空间由机器人手臂的结构、手臂每一部分的长度、每个关节的运动类型和运动范围等因素决定。工作空间通常为侧视图，展示了由轴 2～6 组成的工作空间的横断面。俯视图说明了当轴 1（基轴）运动时横断面是如何变化的。值得注意的是，在机器人上安装不同的工具，也会对实际可达工作空间产生影响。

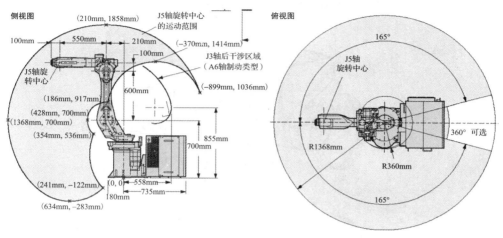

图 2-1 典型的工作空间

第一台机器人 Unimate 是极坐标型机器。这种设计特别适用于液压驱动的机器人。该机器人（如图 2-2 所示）提供 5 个运动的轴。移动 5 个关节来定位机器人所夹持的工具到达一个确定的位置，包括底座旋转、肩部旋转、手臂的前进和后退以及两个腕部旋转关节。仅有 5 个轴的运动限制了机器人的定向能力。但在早期，控制技术还不能控制 6 轴机器。

图 2-2 Unimate 机器人

2.1.1 关节臂型

最常见的构型是关节臂型或铰接型（如图 2-3 所示）。该结构类似于人的手臂，非常灵活。通常为 6 轴机器人，也有 7 轴机器人，提供了冗余的自由度，因此可以到达一般机器人难以到达的位置。这种结构包含 6 个旋转关节，每个关节安装在前一个关节的输出端。这类机器人具有到达工作空间内某一点的能力，通常能够以多个位形到达该点或者把工具以不同的姿态定位在某一位置。

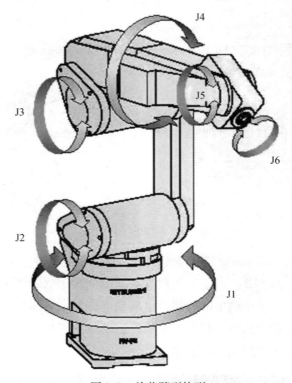

图 2-3　关节臂型构型

关节臂型机器人的关节运动较为复杂，因此想从直观上发现关节运动规律比较困难。臂的结构决定了每一个关节需要承受后面所有关节的重量，也就是说，关节 3 承受关节 4、5、6 的重量。这将影响机器人的负载能力，即所能提起的重量，以及重复性和精度（见 2.2 节）。该结构刚度不大，总的重复性由所有轴的重复性累积而成。然而，交流伺服电机性能的提升和机械性能的改进为大多数应用提供了很好的性能。

如上所述，关节臂型机器人是最常见的工业机器人结构，大约占全球范围内安装量的 60%，在美国和欧洲的比例更高（IFR，2013）。这种类型的机器人应用在许多工业领域中，包括焊接和喷涂，还有一些搬运操作，包括机床上下料、金属铸造和常见的材料搬运。典型的机器人作业半径为 0.5 ~ 3.5m，负载能力为 3 ~ 1000kg。

也有许多 4 轴关节臂型机器人，主要用于特殊的用途，如码垛、包装和拣选等。这些地方不需要调整工具的姿态，因此腕部的两个轴是不需要的。与同等的

6 轴机器人相比，这种类型的机器人能够实现更高的速度，具有更大的负载。

双臂机器人也得到了发展，两个关节臂安装在同一个结构上。在装配任务中，需要两只手一起工作将各部分装配在一起。这两个手臂能够协同工作，因此可以模仿人来完成装配任务。

2.1.2 SCARA 型

SCARA 构型（如图 2-4 所示）与关节臂型机器人有不同的特征。该构型起源于装配应用，因而得名选择顺应性装配机器手臂（Selective Compliance Assembly Robot Arm，SCARA）。这种 4 轴机械臂包括底座旋转、在同一垂直面的两个转动和一个垂直方向的直线移动。由于该构型的特点，所以机械臂在垂直方向的刚度很大，而在水平方向具有一定的顺应性。它不仅能够实现加速度很大的高速度运动，并且能够在公差要求很严的场合下工作。

22
~
24

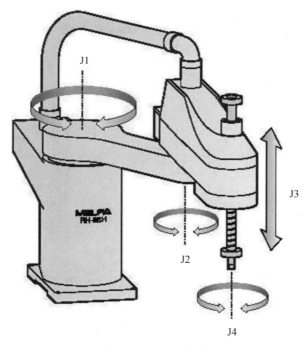

图 2-4 SCARA 构型

SCARA 机器一般都比较小，最大负载能力大约为 2kg，作业半径大约为 1m。它们主要用于装配，也可以用于包装、小型压力机喂料、涂胶和其他应用。SCARA 的应用主要受限于其尺寸和仅有的 4 根轴。

人们定义了机器人标准循环时间来比较机器人之间的性能。这就是所谓的门型测试（goalpost test），它由 25mm 垂直向上的运动，后跟 300mm 水平方向的移

25　动和 25mm 垂直向下的运动组成,模拟装配过程的典型运动,SCARA 机器人实现这一运动(包括往返)最慢为 0.3s。这个循环时间比同等的 6 轴关节臂型机器人快很多。

　　SCARA 机器人占据了全球大约 12% 的销量,在亚洲更受欢迎,这是由亚洲的电子行业规模决定的。亚洲大约占据了 SCARA 机器人销量的 50%(IFR,2013)。

2.1.3　直角坐标型

　　直角坐标型机器人包括所有由 3 根直线运动轴组成的工业机器人(如图 2-5 所示),各轴的运动与直角坐标系重合。这种机器人通常限定为 3 根轴,但也有一些特殊的形式,在最后一根直线轴上再安装一根旋转轴。这类直角坐标型机器人包括龙门架和线性取放装置。这些构型多种多样,也可以采用模块化方式构建,为满足某一特定需求的机器人设计提供了便利。龙门架可以是门柱型,由一边结构支撑;或者是门框型,由两边结构支撑。长度范围可以从 1 米以内到几十米。龙门架能够承受较大载荷,可以携带 3000kg 的重量。龙门架的另一个好处是可以使占地面积最小化,便于操作人员接近机器人,因为其大部分结构在头顶上方。但其造价通常比同等的关节臂型机器人高。⊖

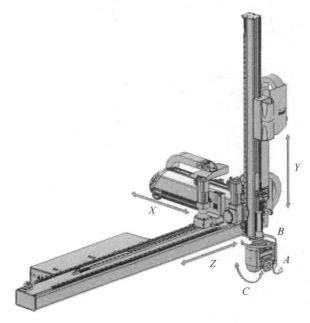

图 2-5　直角坐标构型

　　⊖　这种造价对比的说法并不总成立。——译者注

直角坐标型机器人的应用是各种各样的，典型应用包括搬运、码垛、注塑、装配和机床上下料。直角坐标型机器人也用于其他制造工艺，例如焊接和涂胶，尤其用于比较大的部件。直角坐标型机器人是第二受欢迎的构型，大约占全球机器人销量的22%（IFR，2013）。

2.1.4 并联型

并联型或称为三角形机器人（如图2-6所示）是最近发展起来的构型。这种机器人的手臂由并行的移动或旋转关节组成。其机械部分安装在上方，驱动手臂的电机装在底座结构上。这种构型的好处在于减小了手臂的重量，因而具有较高的加速度和速度。但其负载能力较弱，一般不超过8kg。

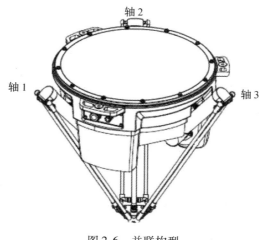

图2-6 并联构型

26 ~ 27

因此，其主要应用于拣选，尤其是在食品工业的包装线上，也可用于装配。这种机器人能够实现与SCARA机器人相似的循环时间，门型测试（25，300，25mm）在0.3s内完成。这种机器人的销量相对较小，大约只占全球市场的1%（IFR，2013）。

2.1.5 圆柱坐标型

这种类型的机器人把旋转轴和直线轴组合在一起。典型结构为一个基座的旋转轴、一个垂直移动轴、一个水平移动轴，以及腕部的旋转轴。其结构刚度大，较容易进入内腔，并且便于编程和可视化。但在手臂的后部需要预留一定的空间。它们特别适用于机床上下料和一般的取放应用。

圆柱坐标型机器人主要用于电子行业，尤其是洁净室应用，大约占全球市场的2%。与SCARA机器人类似，它主要应用在亚洲，这是由这一地区电子行业的优势决定的。亚洲占据了全球圆柱坐标型机器人销量的 90%（IFR，2013）。

2.2 机器人的性能

构型和轴数对机器人性能有明显的影响，正如上面讨论的那样，某种机器人构型更加适用于某些特定的应用场合。例如，SCARA 构型机器人特别适用于高速和高重复性的装配任务。基于特定机器人构型所针对的应用场合，每个制造商生产的机器人有不同的特点和性能。主要机器人制造商能够生产覆盖一系列应用场合所需性能的系列化机器人。起初，他们专门研究一种特定的机器人构型——关节臂型、SCARA 型或直角坐标型，如今他们仍然更倾向于研究那些主要的构型，尽管大多数制造商还生产适用于特定应用场合的、不同结构的机器人。针对某一应用场合，我们可以从不同的机器人制造商那里获得多种机器人选择。

除了机器人的轴数和构型外，机器人的主要性能特征由下面 4 个参数确定：

- 负载能力
- 重复性
- 可达空间和工作空间
- 速度

负载能力通常是指机器人手腕的工具安装法兰能承受的最大载荷。在该载荷的作用下，机器人能达到其他的指标，包括重复性、速度以及长期可靠运行。需要注意的是，详细的规格参数（通常由机器人手册提供）说明负载重心位置在工具安装法兰的两个方向上的偏距（如图 2-7 所示）。当与工具安装法兰的距离增加时，有效负载量会减少，因此，如果工具相当大，机器人搬运工具或者工件的能力可能低于给定的负载能力。

机器人的重复性通常是指点的重复性，但在某些情况下也需说明轨迹的重复性。值得注意的是，尽管机器人具有重复精度，但不是绝对精度。大多数机器人由于自身的结构并不能精确运动到指定的位置，例如到达空间中的 XYZ 坐标，但是会在其重复精度确定的公差带内不断重复到达示教的位置。点重复性对于点焊、操作、装配以及相似的应用场合很有用，但是对于焊接和涂胶等应用场合，轨迹重复性更有用。

可达空间和工作空间通常定义在机器人手腕的中心。对于一个 6 轴机器人来说，就是指第 5 轴的中心，它意味着即使在可达的极限或工作空间的边界上，机器人也以最大范围调整手腕姿态。工作空间通常用侧视图和俯视图来展示（如图 2-1 所示）。机器人应该能够到达工作空间内的任何点。值得注意的是，不同构型的机器人的工作空间的形状是不同的。

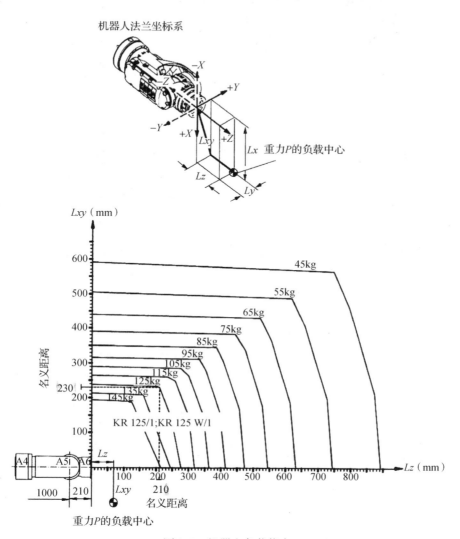

图 2-7　机器人负载能力

速度通常指每个轴可以达到的最高速度。这个值是有限的，因为每根轴并不是独立运行的，并且在许多应用中要完成的移动距离很短，不需要机器人加速到最大速度。然而，机器人的实际速度会影响许多应用的工作循环时间。人们开发了门型测试（见2.1节），它特别适用于装配场合，为不同的机器人提供可靠的速度比较。

与速度和轨迹重复性相关的另一点是，机器人在高速移动时通过圆角的能力。如果设定机器人在低速下通过一个直角的拐角，那么这个动作容易实现。如果速度升高，机器人就会绕着拐角做圆滑运动，使得轨迹出现误差。这种误差会随着速度的升高而增加。人们已经提出了处理这种问题的解决办法，例如 ABB 公

司研发的 "TrueMove" 控制技术，它能够保证机器人不受速度的影响而按照设定的路径运动。

2.3 机器人的选型

为特定应用场合选择机器人时，主要考虑机器人的能力和性能，这些应满足应用以及相应解决方案的需求。值得注意的是，有很多不同的方法来满足相同的应用，例如机器人搬运工件到固定的刀具进行加工或者用刀具加工固定的工件。每一种应用都对机器人有不同的性能要求。在这种情况下，如果机器人搬运的是工件而不是工具，就需要一种具有不同负载能力的机器人。采取哪种方案可由系统的其他方面来决定，比如工件输入/输出系统或者选择方案的总体成本来决定。因此，机器人的选择过程通常是反复的，在确定最佳方案之前需要考虑大量不同的方案。这将在第 5 章进一步讨论。

一旦确定了系统方案，就可以定义机器人所需要的能力和性能。它们通常由一个数据表明确地给出，这个表为用户提供了选择某种应用最合适的机器人必需的基本性能和能力信息。不幸的是，对不同的机器人规格进行比较通常不是一件简单的事，因为许多参数是相关联的。例如，机器人构型决定工作空间的形状，机器人安装位置决定工作空间的哪一部分是可以使用的，这也反过来决定所需的可达空间。

很少有一个参数能够起到最重要的作用并因此作为选择工作的开始。如上所述，通常我们需要综合可达空间、负载能力以及重复性等诸多因素，作为选择工作的起点。最终，整个方案的成本和简洁性通常是最重要的，因此如何选择机器人应该根据要完成的目标来确定（见第 5 章）。

数据表通常包含机器人的主要规格参数，包括：

- 构型。机器人手臂通常用照片和能够阐明这种结构的图解来展示，例如关节臂型、SCARA 型或者三角形机器人。
- 轴数。轴数需要在数据表中说明，或者由表中的其他数据来决定，比如工作范围和速度。
- 可达空间。一般在工作空间上指出或者说明。可能在同一个数据表上有多个模型，用来说明不同的可达空间。
- 工作空间。通常用一个能够同时展示侧视图和俯视图的图来阐释。
- 负载。通常说明机器人手腕的最大负载。数据表可以通过不同的机器人模型来展示不同的负载（不同可达空间通常具有不同的负载）。通常，说明不同手腕偏距的负载的图不包含在数据表中（如图 2-7 所示）。机器人一般具有在手臂（轴 2 和轴 3）上增加额外负载的能力。这一点有时但不总是在数据表中说明。

- 点和轨迹重复性。通常指明点重复性。
- 轴的旋转范围和速度。通常指明每根轴的旋转范围和最大运行速度。
- 机器人安装特性。说明机器人能够以多种方式安装，比如墙壁安装和倒挂安装。
- 尺寸和重量。说明机器人手臂的重量和尺寸。
- 防护和环保能力。通常包括标准机器人手臂的 IP 等级和其他可选项。也可能有其他特定选项，比如洁净室（针对电子行业）、冲洗（针对食物行业）、铸造（针对热的以及脏的应用）。
- 电气要求。说明电源要求和消耗的功率。

除了机器人手臂的特征外，机器人控制器的能力也很重要，这通常由一张单独的数据表来说明。然而，对于初始的概念方案来说，最重要的功能都和机器人手臂相关。控制器的重要性多与可以控制的轴数和界面交互性能相关。

2.4 机器人的好处

机器人的最初应用是由早期的机器人用户来实施的，他们想测试这项技术并决定哪些可能有利于他们的业务。决定购买机器人并不是因为迫切地实现投资回报，而是因为相信机器人技术展示的希望。购买商觉得处在机器人应用技术的最前沿是很重要的。

越来越多地使用机器人并不是因为对技术感兴趣，而是更多地受短期投资回报的驱动。当今大多数应用机器人的公司依据经济回报来做投资决策，经济回报在投资前就被量化，一旦机器人系统开始运行就必须能够实现期望的经济回报。值得注意的是，某些（但不是所有的）可以通过使用机器人来实现的好处，也可以通过使用较低柔性的自动化来实现。

通过机器人的应用获得潜在的好处分成两种类型：使终端使用者获益和使自动化解决方案提供者获益。关于机器人应用的关键好处，一直有许多争论和调查，大多数是由机器人供应商主导的。这些供应商很明显都有个人利益，但是潜在的好处已经总结出来，2005 年，国际机器人联盟（IFR）公布了一个使用机器人的 10 个好处的清单（IFR，2005）。

关键好处如下：

1. 减少操作成本。
2. 提高产品质量和一致性。
3. 提高员工的工作质量。

4. 提高生产量。

5. 提高产品制造的柔性。

6. 减少原料浪费并增产。

7. 遵守安全规则，提高工作场所的卫生和安全程度。

8. 减少劳动力流动和招聘工人的困难。

9. 减少资金成本。

10. 为高价值制造业节省空间。

需要强调的是，这些只是潜在的好处，不可能适用于所有的场合。这些在后面将详细讨论。首先，讨论对自动系统供应商的好处。

2.4.1 对系统集成商的好处

我们假定终端用户已经认识到自动化的好处，并且已经开始考虑购买自动化系统，自动化供应商或系统集成商提供机器人或者其他形式的自动化解决方案。在系统集成商的群体中，越来越多地将机器人放在解决方案的核心。这种趋势主要是由两个因素造成的：机器人的柔性以及机器人已经是标准产品的事实。

机器人是标准产品，因此它能够提供可测量的、已知的性能与可靠性。与所有标准化产品一样，其设计需要预先做大量的试验才能发布，并且也需要符合一定的标准。因此，系统集成商能够通过浏览产品的目录来了解其基本信息，比如负载能力和工作空间，然后选择出一台最适合当前任务需要的机器人（见第 5 章）。机器人的主要供应商有许多机器人类型，因此，总是有足够多的机器人可供选择。

这些公开的技术特性允许系统集成商以已知价格来购买符合应用需求的机器人。虽然开发一款定制的机器来实现同样的功能特性通常也是可行的，但就开发时间和成本而言，定制机器还是一个未知数。类似地，作为标准化产品的机器人，提供了可靠性，包括平均无故障时间（MTBF）和平均维修时间（MTTR），而对定制的机器人而言，这些参数均是未知的。因此，对终端用户和自动化供应商而言，定制机器人系统的长期风险会更高。

机器人的其他主要好处还包括它所提供的柔性。机器人包含多根轴（通常是 6 轴），因此它可以根据要求调整工件或者工具的角度。更重要的是，机器人的这些运动是可以通过软件进行编程的。因此，修改机器人操作是非常容易的，甚至到项目后期，修改机器人操作也并不困难。机器人的柔性既能允许产品后期的设计更改，也能包容自动化系统结构设计和建造中的错误。

这两个因素（柔性和已知的性能），减少了自动化解决方案供应商的风险。因此，可以降低销售价格、减少意外的财务开支，这样也可以增加来自终端用户的订单。一旦接收了订单，该工程的时间跨度也会被压缩，因为交付标准化机器人比设计和构建定制设备所需要的时间短很多。

2.4.2 对终端用户的好处

正如上文所提到的，对终端用户来说，共有 10 个关键性好处。在许多情况下，潜在的终端用户只考虑因为引入自动化设备而直接产生的劳动力节省所带来的成本效益，但是也可以通过评估潜在的其他收益来强化经济合理性，在某些情况下，来自于其他方面的成本节省或许比劳动力节省更大。下面讨论这些好处和它们的适用性。

减少操作成本

机器人系统可以帮助减少制造特定工件的操作成本，包括替换劳动力等而减少的直接成本。然而，也可以减少间接成本。

节约能源可以从许多方面来实现。通过机器人减少废品或返工来实现单位产出的能源效益最大化。此外，机器人不需要人工工作场所所必需的环境温度和照明设备等。因此，如果工厂的一个特定区域全部采用自动化机器人，那么减少维持工作环境的能源消耗是可能的。

在劳动力上的成本节省还会在其他方面有所体现，比如培训成本、健康和安全成本和人力资源管理成本等。只需要更少的间接人员来维持和管理更小的工作团队，因此，也节省了间接成本。

提高产品质量和一致性

机器人是可重复的。如果机器人设置正确并且输入具有一致性的工件，它们就会完全一致地生产高质量的产品。它们不会像手工生产那样受不一致性的影响。造成不一致性的原因包括劳累、无聊或者由于单调乏味重复的工作所带来的注意力分散等。这种不一致性导致产品多变以及质量的参差不齐。相反，机器人能够保证固定的产量。这意味着每天制造相当数量的且一致性高的产品，这也意味着每天有相当数量的合格工件。

提高员工的工作质量

机器人可以帮助员工改善工作环境。它们可以接管一些脏的、危险的及要求苛刻的任务，即所谓的 3D 任务。例如，喷涂、压力机上下料、处理超重负荷等。这些地方经常难以维持工作的一致性，所以机器人的应用将提高产量或者提高所生产工件的质量。机器人的应用使得人工劳动力远离直接生产过程，从而减少员工在维持固定产量上的压力。

机器人的操作和维护也需要很高的技能，因此，可以通过加强员工的技能和增加员工的收入，同时改善员工的工作来调动员工的积极性。

提高生产量

正如上文所提到的，机器人的一致性确保固定的生产量。这也意味着可以最大化其他机器的产量，因为机器人总是时刻准备着实现它们的功能。举例来说，使用机器人上下料后，能够及时给机床下料和重新上料而不用等待操作人员，这些操作人员可能走神了、正在休息或者参与其他活动了。

机器人还可以在夜晚或者周末不需要人工干预的情况下运行更多的班次。此外，通过使用机器人上下料，可以将一些昂贵的机床设定为通宵运行，这样可以限制额外的成本而提高产量。这种增强的生产能力对分包商来说具有特殊的价值，分包商往往可能面临来自客户的各种订单。

提高产品制造的柔性

机器人本质上就是非常灵活的，远超其他形式的自动化。一旦操作被编程输入机器人，只需数秒它就可以调用并进入运行状态。因此机器人实现生产转换非常快，极大缩短了机器人的下线时间。一个机器人系统可以处理相同产品的各种型号，也可以处理完全不同的产品，为小批量生产提供了可能性。

机器人也有很多的局限性，主要由周边配套设备引起，比如夹具、抓手，但是只要小心设计并且有良好的概念，这些都是可以克服的。然而，应该指出，目前机器人的灵活性还是远不如人类操作员。

减少原料浪费并增产

机器人的主要优点之一是一致性。通过确保高质量的产出，更多的"一次成功"的产品被生产出来，因此，材料浪费也得到了控制。另外，机器人能用更少的耗材来生产工件。比如，焊接机器人总是焊得符合要求，既不大也不小。喷涂机器人系统总是刚好喷涂到所要求的漆膜厚度。

自动化的引入也会提高输入自动化流程中的工件或产品的一致性，给企业带来了整体效益。自动化设备也可以用来检查输入的产品并识别它们是否偏离了规格参数。这对食品工厂特别有意义，因为食品工厂的输出产品需要符合最小重量要求。机器人和自动化设备可以用来缩小公差带，使废品率最小，这些公差带用来界定所谓的废品，因为客户不会为这些废品支付 1 分钱。

遵守安全规则，提高工作场所的卫生和安全程度

机器人可以接管一些目前仍然由人工完成的令人厌恶的、费力的或者威胁健康的工作。健康和安全问题立法的迫切度日益增长，使得部分工作要么很难或者干脆不可能由人工来完成。机器人提供了一种性价比越来越高的选择。

使操作员远离直接接触的机器，或者远离有潜在危险的生产机器和生产过程，从而可以减少事故发生的可能性。比如，铸造和锻造过程都是费力且危险的操作，在大多数情况下它们可以通过使用机器人来实现自动化生产。有许多重复

的或者高强度的工种会导致疾病，比如反复拉伤和白手指。比如，金属工件抛光或者铸件清理。机器人的使用可以让员工远离这些工作，减少受伤的风险。

减少劳动力流动和招聘工人的困难

改善工作环境、去除最重复的或者最累人的工作可以减少工人在生产过程中的流动。如果给予工人更多的挑战、更少的重复性角色，他们就可能获得更多的成就感。这些角色也需要很高的技能水平，尤其是这些更高层次的工作还能带来更高的薪酬的时候。

如果更多的员工能留下来，那么雇用新员工的成本就会减少。这不仅包括在雇佣新员工的过程中产生的直接成本，还包括培训成本和因为新员工生产效率跟不上而产生的成本。

减少资金成本

机器人的灵活性使小批量生产成为可能，减少了制造过程成本与存储成本，因而能减少资金成本。机器人使得其他机器的运转更高效甚至能延长工作时间，这可能意味着工厂可以减少购买额外的机器。比如，机器人可以整夜都在没有光照的情况下操作机床，这就能避免购买一些额外的机床。

即使产品或者产品设计发生了更改，但由于机器人系统的柔性，所以它是可重构的和可重复使用的。因此，机器人可以更广泛地代替很多专用的自动化系统。

为高价值的制造业节省空间

机器人系统可以十分紧凑，因为在执行相同的任务时它们不需要像操作员那么大的空间。机器人也可以安装成各种各样的形式，比如安装到墙上或者天花板上，这样可以减少所需要的空间。这可以减小占地面积，在某些情况下是非常有用的。

通过仔细评估上述好处，通常可以构建机器人系统来显著地提高经济回报，这比只考虑劳动力成本带来的经济回报更大。第 7 章将更深入地讨论有关自动化系统所带来的投资回报和自动化技术的经济合理性。

38

第3章

自动化系统组件

摘要

除了机器人以外，自动化系统还包括其他组件，以实现完整的解决方案。本章主要介绍最常用的一些技术，包括搬运和喂料系统、视觉、抓手和工具转换器以及工装和夹具等。本章也讨论机器人应用所需要的工艺设备，着重介绍焊接、喷漆、调配和材料去除等应用，还讨论了装配自动化。最后介绍系统控制所需要的基本要求，包括网络、人机界面，以及自动化系统的基本安全与防护原则。

关键词：振动喂料机，机器视觉，机器人管线包，变位机，抓手，工具转换器，夹具，装配自动化，PLC，网络，安全

每套自动化系统都为满足应用的特定需求而配置。我们将在第4章中看到，在几乎所有的制造业里，都有许多不同类型的自动化系统来满足各种工业应用需求。显然，食品工厂对自动化的需求与电子行业有很大不同。因此，为了满足特定应用的需求，需要将许多不同的自动化组件正确地组装起来。不同应用场合的自动化组件也相差甚多，例如，用来拾取柔软的水果的抓手与用来拾取热锻件的抓手定有天壤之别。

由于自动化组件的范围广泛，规范和功能种类繁多，所以我们无法对它们一一做详尽的评估。尽管如此，我们还是会对最主要的组件及其最重要的特征进行综述。这样做的目的是概括自动化系统最常见的组件和在使用它们时值得注意的重要问题。

本章包含如下内容：

- 搬运设备
- 视觉系统
- 工艺设备
- 抓手和工具转换器
- 工装和夹具
- 装配自动化组件
- 系统控制
- 安全与防护

如何将这些组件与机器人整合成一个完成的自动化系统，即自动化系统的开

发，将在第 4 章和第 5 章进行深入讨论。

3.1 搬运设备

无论对哪一个生产设备，为了提高生产效率，我们都需要将加工的原材料高效地运送到不同的工位上，这一点至关重要。而所有搬运原材料的操作都只有一个目的，就是在不损坏材料的前提下，在正确的时机将正确数量的正确工件运送到正确的地方。而拙劣的设计或者不合适的材料搬运系统都会导致流程过于繁琐、杂乱的存放、低劣的库存控制、过多的搬运、物品损伤，甚至边角料过多和机器空转等后果。好的搬运系统并不会使产品增值，但劣质的搬运一定会提高成本。所以，为了尽可能地降低成本，材料搬运自然是效率越高越好。

在生产中，我们要用到许多类型的设备，例如拖板车、叉车、桥式起重机和输送机等，来完成工件的移动。这些设备在这里就不展开讨论了。本节的目的是概述那些能够直接影响自动化系统设计和操作的搬运系统。在任何一个自动化系统中，如果搬运系统出了问题，喂料和移走成品就无法正确运行，从而严重影响系统整体的工作性能。因此，为了确保预期的性能不受工件输入/输出的制约，在设计自动化解决方案时，我们必须考虑搬运系统。有了自动化，并不意味着就能解决材料搬运问题。相反，因为自动化常常没有达到预期性能，所以暴露出了材料搬运问题。

3.1.1 输送机

输送机系统可以用于多个自动化系统之间或单个自动化系统内部的物品搬运。举个例子，从包装线到机器人码垛系统的纸箱供给或者在装配系统内的工件传输。输送机可以按照事先预定的路线在两点之间完成物品传送。输送机可以铺在地上，也可以离地面一定高度或者安装在天花板上。具体选用何种方式，需要考虑所传输的物品、可用的空间和其他设备以及操作所需要的通道等。输送机尤其适用于大容量物品的运输，并且在特定的操作之间可以提供暂时的存储空间或缓冲区。

输送机的运动一般来说要么是连续式的，要么是间歇式的。连续式输送机一直向前运动，工艺过程可以在输送机上完成或者产品需要在某一工位被移走。而间歇式输送机常常用在装配工位上：输送机停止运转，等待某一操作完成，输送机再继续运行。然而，间歇式输送机的局限性是，只有等到最费时间的操作完成后，输送机才可以继续向前。自动化系统一般包含少量的输送机。例如，为了完成从码垛系统中将满的托盘自动移出，或者用许多不同类型和速度的输送机来保证在整个系统中的物品和产品的流通。在大多数情况下，输送方案是由系统内的其他操作来决定的。例如，连续式输送机对于喷漆操作十分有效。因为连续式输送机可以保证每一个产品都进入烤箱，重复地完成高效的烘烤周期。

输送机的类型有很多，包括带式、链式和滚筒输送机。带式输送机尤其适用于重量轻的单一物品的输送，比如食品。它们还更加适用于需要十分注重清洁度的行业，比如食品行业。但美中不足的是，它们只能完成直线运动。用链式输送机传送的物品，可以直接放在链条上，也可以利用链条上固定好的支架。这类输送机适用于较重物品的运输和慢速设备，比如托盘的输送和喷漆房里挂具的传送。滚筒输送机则尤其适用于体积和重量都居中的物品，例如纸板箱，通常用来向码垛或存储系统运输包装好的物品。

3.1.2 离散输送车

自动引导车（AGV）具有输送机的部分优点，并且灵活性更好，能够减少对工厂地面的占用。然而，它们的生产能力不能和输送机相提并论，也无法提供物品的缓冲并且造价高。AGV 是在地面上自动引导的高效无人驾驶车。它能够感知和追踪埋线来完成自动引导。

由整体控制系统选择不同的路径和交叉点，使 AGV 从不同的路径操作运输物品变得可行。AGV 通常和其他设备，如叉车和工人等，在同一区域内工作，这使得它们需要恰当的安全系统。然而，AGV 的运动速度相对较慢，而且对运输物品的体积和重量等方面也有限制。由于它们依靠埋在地下的电线来自动引导，所以如果要对 AGV 系统进行改装或扩展，价格将十分昂贵。自引导车也可以依靠安装在墙上的目标点和激光扫描仪或者内部 GPS 系统来定位。这类自引导车的约束条件更少，维修改也更简单，因此有更好的长期灵活性。

3.1.3 工件喂料设备

在所有的自动化系统中，都需要把一个个单独的工件输送到系统中。最有效的途径就是手动装载工件到夹具上（见 3.5 节）。例如，将金属板材装载到机器人焊接系统的夹具中。另外，输送工件可能通过输送系统从之前的操作台上传递过来。对于某些应用，尤其是装配，需要非常频繁地将大量的单独组件输送到自动化系统中。

被输送的组件可以是需要装配的工件，也可以是连接件，如螺钉和铆钉。这些喂料系统必须十分可靠，因为它的性能完全决定了自动化系统的效率。喂料系统不仅要为后续工位提供位置准确的组件，还需要保证工件的方向符合要求。有许多技术可以满足这些要求，如弹夹式喂料机，但它们都需要在装载到喂料机之前进行预处理，包装组件并提供方向。然而，大部分组件在输送时是散落在盒子或箱子里。没有进行预处理的组件成本较低，但是自动化系统需要一台可以接受散装、方向随机的工件的机器，它可以将它们分类，然后以预定的方向输送到正确的位置。为此，最常用的设备就是振动喂料机，它完成自动化装配系统近80%的喂料任务。

工件的设计对喂料设备有重大的影响，进而决定喂料系统的成本。如果工件是几何对称的，这将使得所需的分类工作最小化。如果工件的某些特征是不对称的，且不对称结构非常突出，那么会有利于喂料设备设计选型。例如，重心就可以用于工件的分类。如果工件上有一个开口的钩子，那么工件很可能会纠结在一起；如果工件上的钩子是封闭的，那么再想纠结在一起就困难了。设计工件时要考虑自动化系统将以何种方式输送和处理，这是非常重要的。

43

振动喂料机

振动喂料机（如图3-1所示）由一个通过电磁铁产生振动的碗状结构组成。在碗内，一条螺旋轨道从碗的中心一直上升到顶部。振动导致碗内的部件沿着螺旋轨道上升，并从碗的出口送出。在轨道的最高点有一个用来分类这些组件的选择器，它包括压力开关、雨刮叶片和槽等机械特征，保证只有正确方向的部件会从碗的出口送出，而其余方向不正确的组件就会落回碗里重新循环。

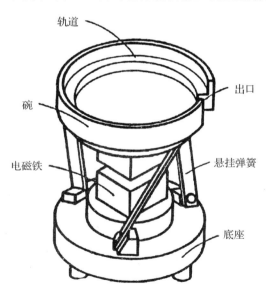

图3-1　振动喂料机

碗的尺寸主要取决于要处理的组件的大小。碗内组件的重新填充可以人工完成，也可以通过外部升降机将料斗内的组件取出并放置在碗内。通过间歇式升降机，每次提供所需要数量的新工件，可以保证碗内的组件的数量始终保持在恰当的水平。

振动喂料机既简单又相当可靠。到目前为止，它们是最常用的喂料系统，能够将随机工件分类。工件实际上是倒进碗里的，可以处理从小型到中型的各种工件。碗的初始设计非常关键，既能正确操作又能正确分类。螺旋线的梯度要正好能够保证部件沿着轨迹上升，而选择器的设计须满足所需的分类操作。振动喂料机的设计基于组件的固有特性（如几何形状和重心）。设计很大程度上源自经验，与其说是科学成果，不如说是一件艺术品。振动喂料机的两个主要局限是：它们不能处理与其他工件接触而损坏的工件；像弹簧一样纠结在一起的工件。

线性喂料机

线性喂料机与振动喂料机在工作方式上的相同之处是，它也依靠振动来完成运动；然而不同之处是，它的喂料方向是一条直线而不是碗内的螺旋线。这类喂料机经常与振动喂料机连接，将工件从碗的出口输送到自动化系统指定的位置。除此之外，线性喂料机还可以给振动喂料机无法完成的大型部件或精密工件喂料。然而，线性喂料机并不能完成任何分类操作，因此工件一般在进入线性喂料机之前需要通过另一个装置来正确地调整方向。另外，智能拣选系统可能通过视觉系统（详见3.2节）来判断工件的位置和方向以便从喂料机中拾取工件。

气吹式喂料机

简而言之，工件可以说是从管子里吹出来的，管子能够快速运送工件但仅限于小型工件。管道的使用也为工件通过较复杂的、多变的路径提供了可能。例如，将工件移动到多轴设备（如机器人）的末端。这种技术通常用于输送螺钉或铆钉等到应用设备，应用设备可能安装在多轴机器上，并使之定位到被输送工件所要求的位置。

44
~
45

子弹带式喂料机

工件固定在子弹夹或带上，然后将它装载到自动化机器上。这项技术被广泛应用在电子工业中，用来给印刷电路板装配机输送组件。子弹带需要预先制作，但是组件常常是由自动化系统生产的，它相当便捷地将组件放置于子弹带上。

存储式喂料机

存储式喂料机需要将工件预先包装，要么在托盘中，要么在分配器中。托盘适合于那些可能会被其他喂料技术损坏的工件或者不易调整方向的工件。托盘可以开模铸造，所以成本低廉。常常可用这些托盘实现加工流程之间的物料输送，托盘一般在托板上堆积起来，便于工件的保护和运输。把工件从托盘卸载到自动化系统，需要特定形式的搬运设备，这些设备可能是机器人或简单的机械臂。在自动化系统中，机器人或机械臂从托盘中逐个拾取或按组拾取工件，并把工件放置到所需要的位置。

分配器常用于包装系统。这些可以给为包装系统生产箱子或塑料托盘的开箱机提供标识卡，然后将这些箱子或托盘装满产品。这种方式可能用于食品的塑料包装。分配器常常是一个简单的设备，抓取一摞工件，使用真空吸盘拾取工件。这些工件常常放置在喂料输送机上，输送到自动包装系统中。

3.2 视觉系统

机器视觉基本上是利用光学的、非接触式的传感器来自动地接收和解释一个真实场景的图像，以便获得信息来控制机器或工艺流程。视觉系统可以独立地应用，比如作为检测工具或者自动控制系统中的一个部件。最初的视觉系统与其他大多数自动控制设备一样，昂贵且难以使用。近几年，它们的成本大大降低，识别能力也显著提高，使用起来更容易。因此，视觉的应用呈指数增加，并且已经广泛地应用于许多自动化系统和加工工艺中。

必须注意的是，机器视觉现在在许多方面还确实比不上人类的视觉能力。因此，任何视觉应用都必须经过仔细考量。机器视觉是连续的、不知疲倦的，许多视觉设备能在可见光谱之外工作，还能在恶劣的环境中工作，精确地执行预设定的程序。人类视觉与之相反，有更高的图像分辨率，能够快速地解释复杂的感官信息，具有高度的适应性，但是它被约束在可见光谱范围之内，容易疲劳，且是主观的。

机器视觉适用于工件识别、寻找位置、检测和测量。因此，它被应用于高速生产线上的监测、微观监测和闭环流程控制等各种生产环境，包括洁净空间和危险环境。同时也可以应用于精确的非接触测量和机器人引导。这里，不讲述所有这些应用，而是重点讨论与机器人系统有关的视觉应用问题。视觉在机器人系统中的主要应用是引导，既有工件的拾取和追踪、工件有无的检查和缺陷识别，也有工件识别，包括光学特性鉴定和条码读取。这些将在后面详细讨论。

首先，值得介绍简单视觉系统的主要元件和操作。典型的视觉系统包括照相机、照明设备、处理硬件和软件。软件专门用于视觉系统并针对特定的应用进行图像分析。在视觉系统中，有3个主要的操作：第一，获取图像；第二，处理或修改图像数据；第三，提取所需要的信息。每一个操作都会对它的下一操作产生影响。例如，首次操作中采用外部光源照明方法可以大大简化图像的捕捉，而图像的捕捉会减少所需的处理，并使之更方便地提取所需信息。

可供挑选的照相机有很多种，其关键参数是分辨率、视场、景深和焦距。焦距决定了照相机提供的聚焦图像的标称距离。景深是指焦点前后像的清晰范围。视场决定了在焦距长度上成像的大小。分辨率是图像分成的单独小格的数量，它决定了可分辨的最小度量或特征。

46

照明设备是最重要的。有许多不同的技术可供选择，包括来自正前方、后方或物体一侧的直射和漫射照明，以及结构光和偏振光的照明。环境照明的影响包括：日光、工厂照明和任何其他可能的光源。特别地，环境光线的改变必须不能影响视觉系统的操作。视觉系统照明的目的有两方面：一是突出物体的重要特征，二是去除环境光线改变造成的任何可能的影响。

举个例子，对于焊接引导系统，视觉传感器被直接安装在焊枪的前面，在离焊缝仅 25mm 的地方对准焊缝。为了使相机"看见"焊缝，激光产生的红外线提供照明，安装在相机前的滤光器筛除该激光波长之外的其他所有光线。来自焊接过程中的光线就这样从相机接收的图像中滤除，以便使相机"看见"焊缝。

背光源对工件定位和测量很有帮助，因为它将物体的图像简化为除去所有表面特征的阴影，因此简化了视觉系统的任务。物体所处的背景对于区分工件也很重要。视觉的典型应用就是当机器人从传送带拾取工件时，提供工件位置和方向信息，例如把巧克力装入盒子中。我们经常使用白色的传动带，因为它的颜色与巧克力的颜色产生强烈的反差。

突出重要特征或从图像中去除无关的信息，将使图像处理的复杂度和时间显著降低。此外，视觉操作的可靠性也会提高。如果环境光线改变带来的影响可以消除，那么也会提高其可靠性。为了完全消除环境光线的影响，有必要把图像操作放进一个不透光的盒子中。

在机器人自动化系统中，视觉最广泛地应用在包装上，尤其是在食品工业。产品常常散乱地放在传送带上，然后被输送到机器人包装工作站。图像系统用来确定产品的位置，然后将这些信息反馈给机器人，让它从传送带上拾取产品并将产品放入包装盒中。这些是常见的传送带，因此，在输入端需要由图像系统在整个机器人单元内一直跟踪拾取点的位置。这些系统常常包括多个机器人，所以需要判断由哪台机器人完成拾取操作，以便平衡机器人之间的工作负担。对于这些典型应用，有一些标准的解决方法能使实施更简便，性价比更高。

同样的视觉系统也可以用于质量控制。例如，通过检查要封装的巧克力的形状来确保所有畸形的产品都被剔除。另一个例子是小薄饼的包装。在包装过程中，视觉还检查小薄饼的颜色。颜色太深表示小薄饼火大了，太浅则火候不到。在这两种情况下，小薄饼都要被剔除。视觉系统，尤其是用在装配系统中的，用于对特征或工件检查。检查之前的操作是否成功，同时确保当遇到不合适的工件时装配能自动停止。

视觉也用于检查手工装载的夹具，检查在下一个操作前所有工件是否被预先装载，确保所有物品都在要求的位置上。虽然也可以通过在每个工件上安装单独的传感器来实现，但是视觉方法的性价比可能更高，尤其是当有许多不同的工件使用同一个夹具时。

视觉还可以用来读取标签上的字符或是提供产品标识的条形码。例如，码垛系统可以利用视觉识别不同的盒子，确保它们放在正确的托盘上。在这种类型的大多数应用中，条形码阅读器往往成本低廉，但是，有些情况下视觉系统更胜一筹。

机器视觉通过提供导引、测量或质量控制使应用自动化运行成为可能。视觉系统的成本持续降低，同时使用便捷性和性能不断提高。然而，视觉系统一定需要仔细调研，确保操作的可靠性。

3.3 工艺设备

自动化系统可以分为两类：用来装配、机床上下料或常见的材料搬运操作的自动化系统；实现某种加工工艺的自动化系统。前一类往往使用安装于机器人上的抓手，而后一类需要一些工艺设备来控制和实施该项工艺。这些工艺包括：

- 焊接
- 喷涂
- 粘接和密封
- 切削和材料去除

49

这些工艺大部分可以手工完成，并且最初的机器人应用基本上就是把手动设备安装在机器人手臂上来重复手工操作。然而，随着技术的进步，工艺设备得到了长足的发展，已经可以适用于自动化应用和技术，有些工艺设备更适用于自动化应用。这已经使得工艺系统能够与机器人的机械系统和控制系统紧密集成，为我们提供更有效、稳定和可靠的解决方案。本书并非想要囊括所有的工艺过程，而是讨论有关机器人应用于这些工艺过程中的关键问题。

3.3.1 焊接

最典型的焊接工艺是点焊和弧焊。弧焊又涉及很多工艺过程，比如金属极惰性气体保护焊（MIG）和钨极惰性气体保护焊（TIG）。

点焊

点焊是用力使两块板贴合，在接触点通以电流并产生金属熔融物，将两块金属薄板焊接到一起。这一方法广泛应用于车身制造。点焊钳包含两个臂，每个臂有一个触头。两个臂通常采用气动，当触点与金属板接触时，提供压力使两块金属板靠近，消除两者之间的缝隙。变压器输出电流，电流流过焊钳臂和触点组成的回路，在这一过程中会在接触点产生热量并使金属融化。控制这一过程的关键参数是提供的电流大小以及接通电流的时间长短。

焊钳臂的大小及设计由被焊接的工件决定。触头需要放置在被焊工件边缘的两侧，因此焊钳常常很大、很笨拙。这就很难通过人工操作将焊钳定位到正确位置。然而，机器人可以应付笨重的焊钳，并能够快速且准确地定位。于是，点焊成为并且依然是主要的机器人应用领域。

50随着机器人负载能力的提升，使得将变压器集成到焊钳中成为可能，这也减小了连接焊钳电缆的尺寸。焊接控制器或焊接定时器如今也被集成到机器人控制器中，为用户提供一个完整的机器人点焊包。关闭焊钳臂的驱动方式也已得到了发展，并且如今我们可以把伺服电机集成到焊枪内，利用伺服电机驱动焊钳臂的开闭。这个动作由机器人程序控制，就像机器人控制关节轴运动一样。焊钳的控制也因此变得更加紧凑，不仅可以实现气动的开关动作，还可以让焊钳臂移动到特定的位置。焊钳打开的角度可以最小化，焊钳可以在机器人到达焊接位置之前关闭，这就可以减少焊接过程所需的时间。

点焊机器人的另一个重要因素是管线包。它是将电、气、液等服务条件由机器人底座传送到焊钳的线束。管线包是承受最多磨损的工件，因为它与机器人焊钳的转动相关联。经常是管线包造成机器故障，而不是机器人本身或者焊钳。点焊机器人已经发展到尽可能将管线包集成到机器人手臂中，包括将线束穿过一些轴的中心。还有一些专门设计的管线包（如图 3-2 所示）来适应点焊机器人的这些特性，其总体目标是减少线缆的磨损并提高整个点焊系统的可靠性。定期更换电极帽也是很重要的，因为电极帽会随时间变形。自动电极帽修整器能够提供全自动维护功能，因而最小化维护操作。

图 3-2   点焊管线包

弧焊

弧焊利用电弧产生的热量使两块金属融在一起。不像点焊需要电极帽在工件两侧接触，弧焊只需要接触工件的一侧。MIG 焊的电弧由金属丝产生，金属丝也51会熔化在焊缝，填充焊缝。TIG 焊并不提供额外的金属，除非使用外加的填充金属丝，因此焊缝完全由焊缝处的金属熔化形成。由惰性气体在电弧处形成的保护层来避免金属氧化。MIG 焊广泛应用于汽车部件、越野车辆以及常规金属制造中。而 TIG 焊更适用于高精度加工，尤其是薄板工件。大多数的机器人焊接使用 MIG 焊。最重要的参数是金属丝的进给速度、电压、通过的电流以及焊枪头与焊缝隙之间的距离，还有焊枪沿焊缝的运动速度等。

MIG 焊接机器人在其手腕的末端安装焊枪。在大多数的应用中，焊枪都是水冷的。焊丝喂给焊枪，通常由安装在机器人小臂的送丝机驱动，并将焊丝送给焊枪。焊丝盘一般安装在机器人基座上，或者置于机器人焊接单元外。管线包也将惰性气体和水输送给焊枪。管线包的设计和安装对于整个焊接系统的可靠性以及稳定地将金属丝输送给焊枪处十分重要。与点焊机器人类似，机器人手臂和管线包已经发展到使电缆的磨损最小化，包括电缆直接通过机器人手腕到达焊枪。

焊接过程通过焊接电源控制，电源往往靠近机器人放置。焊接过程由焊接电源控制，完全集成到机器人控制器中，以便实现最佳焊接参数的选择，从而适应各种焊缝的类型、焊丝伸出的长度以及移动速度。这些通常编程到工艺表中，以便机器人程序在恰当的地方调用正确的参数。对于较大的焊缝，在焊接过程中，按照标准的预先设计的指令，机器人路径可编程为往复摆动，摆动焊枪通过缝隙，这样有助于完成焊接过程。

工件拼装和定位的重复性是焊接成功的关键。对于较大的工件，比如越野车辆、桥梁以及其他重型装备，这些是较难实现的。如今的技术已经发展到了可以生产适应工件变化的机器人。最简单的是触觉，机器人可以使用焊枪的尖端接触焊缝的特征。当焊枪接触后便感知到位置，因此就可以判断焊缝的位置。第二个功能是通过电弧追踪焊缝。当机器人摆动通过焊缝时，焊接电流会随着焊丝伸出的长度而变化。通过监测电流，焊枪的位置便保持在焊缝中心上。这种功能的应用被特定的焊缝类型与金属厚度所限制，焊接过程中需要摆动就是其限制因素之一。因此，利用视觉系统实现焊缝追踪的功能就被开发出来。然而，这些系统极大地增加了机器人焊接系统的成本和复杂度。

在机器人焊接应用中，往往需要翻转工件，以便机器人能够达到所有焊接位置。比如，汽车的排气系统由多根管子焊接而成。这就需要管道与消音器之间的焊缝实现 360°焊接。为了达到这个要求，就需要旋转焊接工件，以便有利于机器人焊接。这可以由一个单轴伺服驱动变位机来完成。为了达到最好的焊接效果，需要 6 轴机器人的动作与伺服变位机很好地协调。

变位机的形式多种多样，最简单的变位机带有伺服驱动的头部和尾座（如图 3-3 所示）。这些可以扩展为两工位变位机，并带有安装在转盘上的头部和尾座（如图 3-4 所示）。这可以让操作者在机器人工作的同时，在另一边卸载和重新装载工件。并且，当需要在两个方向定位工件来达到最佳焊接位置时，可以使用两

53 轴变位机（如图 3-5 所示）。这种两轴变位机也可以扩展成为两工位变位机。对于长度较大的工件，还需要伺服驱动的机器人导轨。机器人也可以倒挂安装在头顶位置，在某些情况下这种安装方式可以更好地到达焊缝位置。有很多不同的变位机与机器人的组合可供选择，为典型的机器人应用做周边设备选型将在 5.2.1 节讨论。

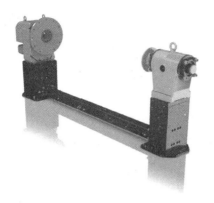

图 3-3　6 轴变位机

图 3-4　两工位变位机

图 3-5　两轴变位机

图 3-6　焊枪维护系统

机器人焊接包中的最后一个组件是焊枪维护系统（如图 3-6 所示）。在焊接过程中，焊枪会被焊渣堵塞，这就需要定期清理来保持焊接过程的可靠性和焊接质量。该任务由自动清理器完成，它包括清理焊枪内部的镂铣装置和喷油装置

（减少焊渣黏着）。焊枪维护系统还包括一些传感器，它用来检查焊枪位置以及修正偏差。这些偏差可能来自碰撞、焊丝粘贴问题（在焊接结束后金属丝依然黏着在熔池中）或者人工维护。

3.3.2 喷涂

喷涂往往被认为不同于其他的大多数自动化工艺。这在某种程度上是有历史原因的，不仅自动喷涂方法的开发者与实现其他自动化应用的人来自不同的领域，并且工艺要求以及所用语言与其他应用也不相同。

有许多不同形式的自动喷涂设备，比如往复式喷涂机和静电杯喷涂系统，但是在本书中，我们将主要讨论机器人喷涂系统。机器人喷涂系统被应用于许多产品中，从车身、汽车部件到复杂的飞行器。机器人喷涂的一个关键特征就是防爆，因为它们一般应用于富含溶剂的环境中。为了实现防爆，需要不间断地用清洁空气净化机器人手臂，并且控制器也在标准版本的基础上做了改进。

由机器人系统处理的喷涂工艺有许多种类，包括溶剂喷涂、水基喷涂以及二元喷涂和粉末喷涂。每一种都需要不同的输送和应用设备。机器人可以使用标准空气雾化喷枪、静电喷枪和静电杯。喷射装置的选择一般由工艺和客户要求决定。颜色变化等问题十分重要，机器人的机械臂中可以包含大量的颜色变化值，以便为喷射枪提供颜色变化，使转换时间达到最小，并减少涂料浪费。机器人也可以包含全部的工艺控制，涂料流量、雾化空气，以及其他工艺参数都可在机器人程序中选择和控制。这就可以完全控制特定工件以及每种颜色的工艺过程。

机器人可以工作在连续移动流水线和间歇流水线中。可以利用输送机全程跟踪技术，来确保机器人正确跟踪移动的工件。机器人还可以安装在轨道上来跟踪整个喷涂车间的工件。对于汽车喷涂应用，门、发动机罩和行李箱等，开启装置的应用使机器人可以实现内部喷涂。

喷涂是一项较为复杂的机器人应用，需要对工艺有很好的理解来确保机器人功能正确，实现所需要的结果。

3.3.3 粘接和密封

粘接和密封应用一般是通过挤压或喷射装置。挤压需要接触或密切接近被加工材料的表面。喷射则与工件之间保持一定距离，因此允许路径准确度有较大的误差。

粘接和密封使用的材料可能是一元或二元。一元材料可能需要加热，这种情况下需要一个热炉或其他类似的加热装置。二元材料在混合时就开始处理，因此，从系统中喷出混合成分的方法显得十分重要。

典型系统一般包括一个（一元）或两个（二元）泵来提供材料，可能还有流量控制。温度条件也需要考虑，以便确保最佳的材料性能。如果有利于整个系统的运行，那么这些装置都可以集成到机器人系统中，特别是流量控制。

3.3.4　切削和材料去除

有许多切削和材料去除技术，其中大多数都可以应用到机器人中。切削技术包括锯削、铣削和水切割。圆锯已经应用到机器人中，去除铝合金压铸件的浇铸口。铣削可以使用气动或电动工具。电动工具通常较重，这就需要机器人有更高的有效负载。最重要的是为材料切削选择正确的工具，然后以此开发机器人切削系统。另一个十分重要需要考虑的是切削工艺中产生的粉尘，主要是为了操作人员的安全，在某些情况下机器人也需要额外的防护。废弃材料的清理也非常重要，以便确保积累的废弃物没有妨碍机器人系统的运行。

水切割是很好的机器人应用。水射流可以完成非常干净的切削，尤其是对于铸造或成型的塑料件。机器人可以提供三维切削方案，这在其他设备上是不可能完成的。由于在水切割车间内有高强度水流，所以为了在这种环境中应用机器人，需要对机器人进行额外的防护。另外，切削过程中水的供给也需仔细考虑。由于需要高压，所以给切割头供水的管子不能是软管。如果机器人安装了切割头，一般将一圈不锈钢管子从机器人的大臂处绕到切割头上。这将使机器人能够在 3 个方向旋转切割头，而管子是否缠绕起来由转动方向来决定。

其他材料去除应用包括抛光和去毛刺。这些工艺都要求特定标准的表面光洁度，因此，工艺过程和工艺设备十分重要。如前文所述，使用正确的工具十分重要。去毛刺经常由安装在机器人末端的工具完成，可以是气动或电动工具。抛光则经常通过将工件压到一系列砂带上来完成，每条砂带都有不同目数。这些砂带经常安装在外置的抛光机上，抛光机驱动砂带运动，同时保持并提供合适的张紧力。为了提供最终光洁度，布轮抛光是必不可少的，它要求机器人抓住工件并承担抛光布轮施加的抛光力。

这些应用要求工件与工具之间接触。因此，某种形式的顺应性对于适应工件或工件位置的变动是必不可少的。这可以通过使用气动技术来实现，为工具提供顺应性，或者利用机器人内置的软件。然而，如果系统中引入了顺应性，加工效果很可能发生变化，这是由作用力或者工件上的切削深度不完全一致造成的。如果这种加工效果的变化是不能接受的，那么就需要在机器人内包括力控制。可以在工具和机器人腕部之间安装力传感器来完成力控制。这样就可以把施加到机器人上的作用力反馈回去，并且可以用来控制机器人运动路径，从而实现想要的结果。

3.4 抓手和工具转换器

对于像装配、机床上下料和常见的材料搬运等应用，还包括包装、码垛、压机上下料和很多其他的应用，抓手是系统中最重要的要素之一。虽然类似于人手的抓手正在开发中，但依然很复杂且价格昂贵。大多数工业自动化应用都不需要具备这些高级功能的抓手。

为了满足特定应用的需要，我们需要开发抓手。"抓"的功能可能由多种技术来实现，包括两爪抓手，气动真空吸盘或者磁铁。在某些情况下，气球也是非常有效的机构。

标准的两爪抓手（如图 3-7 所示）适用于不会因为操作力过大而把工件夹坏的工件。如果需要较大的操作力，可以使用气动装置、电动或者液压装置。标准的抓手模块可以直接按照产品目录购买，唯一要做的工作就是需要设计与被夹工件相适应的爪子。这些或其他类似的抓手，可能用在机床上下料中。

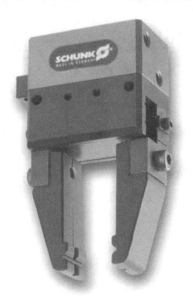

图 3-7　两爪抓手

气动真空吸盘广泛应用于搬运平面工件，或者箱子或相似的物体。它们非常有效，操作迅速，并且通常不会损伤被拾取工件的表面。真空吸盘的尺寸应该尽可能小，因为越大的吸盘会花费更多的时间来把气体从吸盘中排出，从而影响工作节拍。吸盘的材料也应该仔细考虑，特别是要考虑其与系统工作温度的相关性。在 20℃时，真空吸盘用橡胶材料很好，但在 4℃时它会非常硬且完全无效，而包装站中的机器人系统很有可能在这个温度下工作。

真空抓手带有吸盘阵列，灵活性高，使得吸盘可以适应被拾取的工件。它也有可能提供比拾取每个工件所需数量多的吸盘。

码垛操作中的拾取麻袋经常用蛤壳式抓手来实现（如图3-8所示）。在大多数情况下，真空抓手不能用，因为麻袋上有气孔，并且麻袋中的粉末会堵塞真空系统。蛤壳式抓手有许多手指，能从麻袋两侧合拢，从麻袋下面托住，因此，能够支撑这种非刚性的产品。放下麻袋的动作是张开手指，麻袋掉在托盘上。虽然麻袋没有精确定位，但掉落确实能够使麻袋中的材料更加均匀。

图 3-8   蛤壳式抓手

对于某些用其他方法拾取比较困难的工件，比如黑色金属材料的工件，有时我们可以用磁铁，比如从托盘上卸除一层一层的空罐子。已经证明用其他任何方式实现可靠拾取都是非常困难的，但磁铁却能操作得很好。值得一说的是，磁铁抓手本身比拾取的物体重很多，所以导致选用大型机器人来处理所需的负载。

还有很多更专业的抓手，如气球，用来拾取瓶子。气球落入瓶子中，然后开始充气。这样拿瓶子非常安全。烘烤过的松饼则是通过将一些弯针插入松饼的顶部来实现抓取的。这样能成功地抓起松饼，并且在松饼上留下非常小的洞，也不会被消费者看见。特殊的气动抓手已经发展成可以拾取具有不平整表面的物体，包括印度炸圆面包片（薄的圆形的南亚面包）。

对于一些应用来说，在同一个机器人上安装多种抓手或者工具是非常必要的。在某些情况下，它们可以安装在手腕上，还不会影响承载能力或者相互干扰。在其他情况下，同时安装多个抓手是无法实现的，需要配置工具转换器。工具转换器都是现成的产品，可分成两部分，一部分与机器人连接，另一部分与工具或者抓手连接。它们有不同的型号以便适应不同的工具重量，并且还能在转换器内进行电能、空气和数字信号的传输。

抓手的驱动通常是由气动装置来提供的，主要因为这样能将抓手的重量控制到最小。在需要很大夹取力时可以采用液压。当需要更加精确控制时，可以使用电机，甚至伺服电机。然而，使用电机会带来成本和重量方面的副作用。液压则会在维护或者可靠性方面显得不足。在抓手上安装传感器来检测工件的拾起和放置是否正确，以及抓手的零件是否正确工作。传感器可以提升系统的可靠性和性能。比如，减小错误装配工件的风险，但传感器也增加了抓手的复杂度。

需要注意的是，抓手是机器人系统与外界接触的部分，因此，也是磨损和破坏风险最大的地方。安装时增加定位销是很重要的，这样抓手可以拆下来或者在相同的位置更换新抓手。然后抓手可以拆下来进行维护或修理，当抓手再次安装回去时，也不需要重新给机器人示教路径或者位置。成功的抓手设计的关键是保持抓手尽可能简单，同时依然满足应用的需要。

3.5 工装与夹具

机器人是具有重复性的，但是为了能够得到所需的结果，被加工的工件也需要放置在可重复的位置上。工装或夹具用来固定工件，确保它们被正确地放置在可重复的位置，从而允许机器人完成所需的操作，并达到预期结果。

弧焊对夹具的要求特别严格。要求夹具能够同时固定一定数量的工件，使得焊缝形状和位置具有重复性，比如焊缝的宽度等。然而，夹具还必须控制工件的重要尺寸。比如，排气系统包含多个子部件，包括弯曲的管子、催化剂和消音器。最重要的尺寸是前面能够与发动机连接，后面管道的位置必须位于后保险杠下面。剩余的尺寸可以接受比较大的误差。然而，对于焊接来说，管子与消音器之间的焊缝要求严格。夹具需要能够控制总体尺寸，同时，为机器人焊接提供可重复的焊缝位置。

除此之外，夹具必须为装载和卸载提供方便。对于焊接夹具，一个特别的问题是工件会在焊接的过程中受热膨胀。在卸载工件时它不会冷却，因此还处于膨胀状态。夹具需要确保工件即使在焊接后温度升高时依然能够轻松地卸下来。

夹具包括工装的位置，用来满足工件的几何形状并给夹钳留出位置。可用的夹钳种类很多，最简单的形式是手动开关夹钳。这些成本非常低，但是非常依赖于操作员能否正确操作所有的夹钳。

在成本和复杂度不大幅增加的情况下，我们可以选用"气动＋自动"的半自动操作。这些夹钳由人来关闭，但当系统发出启动信号时，空气压力作用在夹钳上以保证它们完全合上。当一个工作周期结束时，夹钳可以自动打开。这些夹钳能够可靠地关闭并且能够减少打开的时间，让操作员更快地卸载工件。

最昂贵的夹钳是自动开自动关的。在这种情况下，将工件装载到工装中，然后操作员按下开始启动按钮，所有的夹钳都关闭。这种方法的主要好处是装载和卸载的时间减少了，还能提升加工过程的可靠性，因为工装也需要符合更高标准的设计，否则夹具就不能成功运行。而手工控制夹钳时，操作员可以让系统工作，即使工装设计得很糟糕。自动夹具系统就做不到这一点。

还可能在夹具内增加传感器。增加工件传感器确保所有的工件都正确装载。传感器也可以安装在夹钳上以便保证它们操作正确。对于焊接系统，传感器需要不受焊接干扰来保证可靠性。

需要工装将工件固定到指定位置，比如，在机器人粘接应用中固定面板等。夹钳并不总是要求非接触作业，或者让工件不受力或受很小的力。对于像铣削这样的加工过程，是需要施加力的。工装通常设计成工件的形状，重复定位性好。可以用夹钳或者真空吸盘将工件固定到特定的位置，并且可以承受工艺过程作用在工件上的力。

考虑生产工装定位所使用的材料是十分重要的。如果是焊接，那么材料通常是铁质的，因为它们必须有好的耐磨性，不允许划伤工件。在某些情况下，铜可以用来帮助工件散热，减少焊渣沾到夹具上的风险，但是它磨损得更快并且需要替换。在其他的应用中，工件或者工件表面不能被夹具损伤是非常重要的，在这种情况下，经常使用工程塑料。

在很多系统中需要一定的柔性。这要求夹具或者工装能够被替换，从一个专门为这个工件设计的夹具或工装上换到一个新的、为另一个工件设计的夹具或工装上。如果要求柔性，那么夹具或工装安装在独立的金属板或者结构上比较好。通过定位销将它们安装在机器人系统中，定位销作为定位基准。这样能够让夹具或工装拆除和安装都在同一位置。转换夹具或工装后，之前编写的机器人程序可以直接运行，不需要重新示教。夹具的设计还需要易于存储（如在平板上），这一点也很重要的。否则，它们可能会在闲置时被损坏。

最重要的是，夹具或工装必须可靠。这些往往都是机器人系统中需要定制的工件。通常，简洁的解决办法是最可靠的，但像传感器这样附加的功能可以最小化操作员的失误。如果实施防错原则来确保只有正确的工件可以装载，那么这会带来很大好处，特别是在同样的机器人单元中生产许多不同产品的场合。夹具和工装通常占机器人单元开销中很大的比例，特别是因为这里包含的设计费用最多。简单的解决办法会降低成本，但需要注意的是，任何机器人单元只有在工件正确时才能正常运行。因此，在工装和夹具上投资来确保可观的产出是值得的。

3.6 装配自动化组件

典型的装配系统是围绕一个将工件在不同的工位之间移动的机构而建立的，在每个工位完成装配操作。这些操作可能包括给装配体增加工件、机械连接（比如铆接或螺钉连接）或者其他连接技术（如焊接或者粘接），以及密封、检测和包装。检测可能包括电子检测、泄露检测或者视觉检查，用视觉来保证总装配满足要求的标准和性能。

这些机构经常是输送机，在工位之间间歇运动或连续运动。装配体经常放在有夹具的台板上，输送到需要装配的地方。台板通常都针对专门的工件，一个系统可能有很多一样的台板或夹具，或者如果要生产多种工件，那么在系统中会有很多种台板或夹具。在后面这种情况下，需要识别每个工位，比如用条形码，来确保在送来的工件上进行合适的操作。每个离散操作都分配给特定的、有所需设备的工位。为了最大化系统生产效率，系统需要有足够多的台板，确保每一个工位都不需要等待，都在高效地运行。 64

输送系统可能采取直线形式，经常用于间歇系统，最初的工件从输送系统的一端开始装载，在另一端卸载。或者可以采用环状形式，这通常适用于连续的输送系统。对于后一种方法，在环中增加一个或多个手工工位是相对简单的，这样可以用来装载或卸载或者用手工完成那些自动化操作太复杂或太昂贵的动作。

很多专门的装配系统是围绕转台而不是输送机建立的。在这种情况下，多种夹具安装在转台的外围，所需的设备围绕着转台排列。一旦所有的操作都完成了，转台就转动一个位置，将各个工件移动到下一个工位。还可能使用连续移动的转台，操作将在移动中进行。这样能够提高生产能力，因为在间歇运行中会浪费时间，但系统会更复杂。操作移动的工件并不总是可行的。转台系统更紧凑，通常比输送系统更便宜，还能提供较高的生产能力。然而，插入手工操作并不可行，维护也很困难，因为维护人员不方便接近设备。

一个可供选择的方法是围绕机器人建立装配系统。机器人会在装配过程中移动工件。SCARA 机器人经常用在这种操作任务上，因为它们有很高的速度和紧凑的设计（见 2.1.2 节）。机器人的使用提供了更大的灵活性，因为可以根据装配过程的要求，选择不同的路径来抓取工件，或者增加并行工位对花费时间长的操作进行分解。然而，机器人方法通常更适合生产能力要求不太高的装配操作。

不管选择哪种方式来输送工件到达装配单元，都需要很多其他设备来辅助每个操作。这些设备包括振动喂料机或者其他形式的喂料设备（见 3.1.3 节），用来给系统提供组件。还有很多简单的拾取和放置设备，将工件从喂料机移动到装 65

配工位。有很多设备可供选用，从气动和电动的单轴执行机构，到有旋转和移动轴的多轴联动设备。这些设备配有抓手或者其他工具来进行所要求的操作。增加恰当的传感器来提供设备序列号和必要的检查来保证操作成功完成。完整的装配系统可能是一个非常复杂的机器，通常用标准组件构成，但是也需要定制的设计才能满足装配过程的需要。

3.7　系统控制

自动化系统的系统控制可以提供许多关键的功能：

- 单元或系统的元件的总体控制，确保它们都按计划和正确的顺序运行。
- 给更高层次的控制系统（比如，工厂范围的制造执行系统（MES））的负责人和操作员提供有关工作单元或系统的数据。
- 维修方面的帮助，当故障情形或错误信息产生时，为人们提供识别和修复故障的指导。
- 总体的安全功能，保证元件或系统以安全的方式运行和维修。

为了提供这种类型的控制，20 世纪 60 年代末发明了第一个可编程逻辑控制器（PLC）。在发明 PLC 之前，这种功能由大量的继电器来实现，往往很复杂，而且难以维修，难以适应系统升级。PLC 使用软件提供了同样的功能，而没有使用大量的继电器构成的硬逻辑。其程序不仅具有了继电器的功能，而且使用了更易于理解和使用的梯形图来编程。

PLC 用来提供总体系统控制，它们的性能和编程也得到了长足的进步。如今，PLC 涵盖的范围从只有几个数字输入/输出（I/O）的微单元，到可以处理数以百计 I/O、模拟输入/输出和更高级网络接口（如现场总线和以太网）的大设备。

典型的机器人系统可能由 PLC 来提供总体控制。这也包括人机界面（HMI），它为操作人员、维护人员和其他人员提供信息。典型的 HMI 包括一个显示屏，用于图形展示单元/设备的工作状态以及生产过程信息。它还包括检查系统、发现故障和调整重要流程和工艺参数等功能。HMI 也可以提供总体控制，包括开始、停止、复位等功能。

在较小的机器人系统中，机器人也能提供同样的功能。因此 PLC 也许就不需要了。这是一个更低廉的方案，但由于它需要用户具备使用机器人系统的能力，这就会更复杂，所以这个方案并不经常使用。由于用户具有使用 PLC 的经验，所以他们感觉使用 PLC 更舒服。因此经常包含 PLC 来保持机器人、机器人程序与总体控制之间的分界线。在更大的系统中，例如多台机器人，PLC 更多地用来提供总体控制，而不是依赖系统中其他部分的控制。

在最底层，各种设备通过数字 I/O 与 PLC 相连接。传感器经常位于整个系统中，用于检查操作顺序，保证进行下一步操作前前一步已经执行完毕。这些传感器可能位于输送机上保证各工件就位；或位于夹具上保证正确地装载各个工件；或位于抓手内来检验被拾取和放下的工件。机器人还会在适当的时间向 PLC 提供信号，表明自己进行到了程序中的哪一步，同时在移动到下一步前等待来自 PLC 的信号。

另外，也可远程安装 I/O 模块，比如将它们安装在远离主机设备、PLC 或机器人控制器的地方。例如，I/O 模块可能安装在夹具上，以便连接所有的传感器和夹具上的驱动件。这些连接也许是通过单独的电线实现的。然后，I/O 模块传给主设备的信号就可能通过单独的电线传输。因此减少了夹具与主设备之间的连线。这可以降低成本，尤其是在距离很长的情况下，但也会提升系统的可靠性，并易于维护和维修。

使用离散 I/O 会在系统中引入大量的信号。机器人和 PLC 都装有处理 16 位输入和 16 位输出的 I/O 模块。如果需要的信号量很大，这会导致机器人和 PLC 中的 I/O 模块数量剧增，而可安装的 I/O 模块数量是有限的。拥有大量 I/O 的系统需要昂贵的安装费用和复杂的维修。为了缓解这个难题，人们开发了网络，为设备之间的接口定义标准，以保证不同设备之间的兼容性。最早的工业网络是制造自动化协议（MAP），最初于 1982 年由通用汽车公司提出。从那时起，人们定义和使用了各种网络，包括现场总线和以太网。遗憾的是，还存在一些挑战，PLC 的主要供应商想应用一种特定版本的网络来降低其产品与其竞争对手之间的兼容性。

67

网络已经变为多层。例如，典型的三层网络包括：
- 设备网——一个将低级设备直接与工厂的控制器相连并消除与输入/输出模块硬接线的总线系统。
- 控制网——一个用来连接自动化系统内或车间中的各种机器的高级网络。这可能包括机器人、机床、人机界面（HMI）和可编程逻辑控制器（PLC）。
- 以太网——一个在 PLC、监控与数据采集系统（SCADA）以及工厂 MES 之间快速交换大量数据的标准信息网络。这将为工厂提供自动化系统的整体通信和运行。

每一层都遵从一定的标准，其产品也满足这些标准。因此，选择合适的产品并将其置于网络中以判断它们是否正确运作成为可能。

控制系统同样用于安全电路的监控与维护，这将在下一节中详细讨论。总之，控制系统为自动化系统提供整体控制，同时为操作人员和维护人员提供访问功能。因此，它是系统的关键要素。系统配置尤其是软件经常是定制的，因为每个应用和客户的需求通常都是不一样的。因此，符合逻辑的设计、完整的注释和文档，让其他人能够理解如何检查系统和纠正错误，这些都是很重要的。现在许多公司将标准方法应用于软件的创建中，使得其他人以后可以更容易地理解和修改代码。

3.8　安全与防护

　　安全系统的基本任务是保证操作人员不会在操作、使用或维护自动化系统时伤害自己。有许多提供安全操作环境的标准可以遵循。国家标准与用户提供的标准可能同样适用。这些标准经常是指导方针而不是确切的陈述，还需要自动化系统供应商做风险评估，包括与操作人员、编程人员、维护人员和第三方的可能存在的接口。这些评估应该考虑所有可能的潜在风险，并通过应用安全与防护系统将它们合理地最小化甚至消除。在某些情况下，这些评估任务将十分繁重。比如，在激光应用中，其设备将会带来较大的风险。

　　主要的防护措施是在系统周围安装固定式防护装置。防护栏通常高 2 米，并在底部留有一个小空间。防护装置主要由立柱组成，立柱固定在地板上，在立柱之间填充面板。这些面板可以是金属薄片、电焊网、有机玻璃或者其他形式的塑料板。

　　材料的选择经常依赖于应用和用户的喜好。对于电弧焊应用，保护人员不被电弧的强光灼伤是必要的；因此可以使用固体面板或带焊接防护材料的电焊网。塑料板在洁净环境中使用效果更好，因为它们可以为系统提供更干净的表面，但也更容易被损坏。电焊网造价最低，经常用于比较恶劣的环境中。在这种环境中，塑料板会快速老化。

　　激光应用往往需要一个不透光的箱子来确保激光束不会传播到系统外面。最新的高能激光应用为激光防护带来了更严峻的挑战，如果激光射在箱子的内壁上，即使是非常短的时间，激光都可以穿透内壁传播到箱子外面。为了解决这个问题，盒子的内壁必须全部被感光板包裹，它们可以感知激光的影响，在很短的时间内关闭激光，以便保证系统的安全。

　　在自动化系统周围加上防护装置后，下一步就是提供通道。最简单的通道形式是维护和编程。维修和编程的频率不是很高，往往由一个或多个通道门来实现。这些门与控制系统是互锁的，所以自动化系统不能在通道门开启的情况下运行。往往需要在通道门打开时为机器提供动力，使编程人员和维护人员可以进行他们的工作。有很多不同的解决方案，其中最常见的是密钥交换系统。进入系统的人将一把机械钥匙插入通道门上的一个盒子中，然后取下第二把钥匙，使门保持打开。然后他可以将第二把钥匙放到系统内的第二个盒子中，使系统中的设备可以在系统内操作，而不是系统外。因此，就可以实现自动化系统由系统内的人控制。直到钥匙顺序反转，密钥归位，系统才可以被外界操作。不过这类方法在更大的多台机器人系统中应用时要特别注意，因为这需要多个通道门，多名人员也会同时在防护系统之内。重要的一点是，当还有人在系统内时，系统不能被锁上。为了强调这点，许多公司用挂锁来实现，将每把钥匙分发给每个工作人员，确保在系统关闭且返回自动化操作时所有人员都已经处在系统之外。

需要设置通道的另一个地方是在系统的工件装载和卸载位置。其对防护系统的需求在于操作人员与设备的什么位置接触。典型的防护设备有门、光栅、地板垫、区域扫描防护等。

防护门可以自动或手动滑动、升起或落下。防护门通常安装在防护装置内，当防护门关闭时，在操作者和系统之间提供物理阻拦。如果防护门自动到达安全范围的边缘，会有一个橡胶条提供阻拦，保证防护门不会困住操作者。当防护门打开时，系统的设计必须保证操作者不能进入系统，也不能接触任何危险的设备。防护门经常用在操作者给夹具或变位机加载工件的场合。变位机或转台在操作者和系统的功能部件分之间设置了阻拦。

光栅防护经常用在需要更大通道的场合或者防护门不方便使用的区域。光栅防护包括两个立柱，一个包括多个光发射器，另一个包括多个配套的接收器。对于装载区域，区域的每一侧都安装了发射和接收立柱，如果任何光束被阻挡，光线就不会到达接收器，那么光栅防护就会停止系统的运行。系统输出将在合适的时间降为 0，此时进入该区域就是安全的。

[70]

还有两点也是很重要的。决定机器的停止距离是很有必要的。这也决定了光栅防护的位置，也就是设备与光栅之间的距离有多远。这可以保证如果任何人员穿过了光栅，设备就会在人碰到运动的设备之前停止运行。

另一个重要点是工作人员不可以站在光栅防护区域内，同时机器持续运行。这可以通过两种方式实现。第一种是在系统内设置物理阻拦，防止人员穿过光栅防护区域进入加载和卸载的工作区域甚至走到更里面去。第二种是将光栅倾斜45°安装使其覆盖整个区域，或者设置水平和垂直光栅来保证全覆盖。用地板垫同样可行，系统可以感知是否有人踏上地板垫。然而，由于地板垫很容易损坏，所以这种方法不太可靠。

另一种供选择的方法是使用区域扫描防护。这些防护装置发射激光束，对传感器前的区域进行扫描。然后它们在传感器感知的范围内接收物体反射回来的光束。这些传感器可以通过编程来定义在正常情况下光束的信号波形，也就是安全的加载或卸载区域。因此，它们可以检测变化，如果有人进入该区域则停止系统运行。

可以与机器人内部的软件配合，在传感器的视野内定义特定的区域。这些区域在有人进入时会使机器人产生特定的动作。特定的机器人软件，例如 ABB 的 Safemove，可以满足安全标准需求，实现这些安全功能。举个例子，我们定义传感器视野内的两个区域，它们是机器人工作范围内的区域和工作范围外的区域。如果操作者进入第一个区域，机器人就开始降速；如果进入第二个区域，机器人就可能在安全模式下停止运行，但这并不是紧急停止。一旦操作者离开该区域，机器人就返回之前的工作模式，也就是操作者在第一区域时的慢速状态和离开第一区域时的全速状态。这种方法在操作者与机器人在运行期间需要交互的应用环境中十分有效。例如，在机器人装载工件时，传统的安全防护方法就会拖延时间，不切实际。

另一种常见的防护需求是允许工件自动出入系统，同时防止人员进入该工作区域。比如，自动码垛系统，纸箱需要通过输送机进入系统，同时空的或满的托盘需要传送出来。纸箱通道的防护可以通过固定的隧道来实现。这个隧道设置在输送机的周围，足够纸箱进出同时不足以让人进入。同时它足够长，可以保证外面的人与里面的系统无法接触。

托盘进出的安全系统就有些复杂了。传统的托盘通过滚筒式输送机实现进出。两组光栅设立在出入点，为托盘的出入提供一里一外的安全防护。这些光栅会在合适的时间连接或断开。例如，当托盘从系统中向外输送时，内部的光栅先断开直到托盘通过，然后在外面的光栅断开时，内部的光栅迅速启动连接，最后直到托盘完全离开系统时，外部的光栅再次启动。因此，系统在任何时间都可以被内外光栅之一保护。

对于机器人系统来说，安全和防护系统是至关重要。如果不认真对待，设备就会处于危险之中，就会存在对人员的潜在危害。对于不同类型的工作人员，都需要做合理的培训，保证他们可以正确地操作设备，了解其中的安全问题。安全防护培训对于维护人员和编程人员尤其重要，因为他们在安全系统内工作，所以发生安全威胁的风险更大。

3.9 小结

本章讲述了典型自动化系统的关键要素，详细介绍了其中最重要的要素。显然，针对不同的应用环境，可以使用很多不同的设备。对于每一种应用，也有很多种选择，每种选择都会对项目的成本和最终成功有很大影响。每个人不可能对于每一类设备和应用都有详细的认识。供应商根据其业务类型而专门研究某些应用和某些客户，也不可能把所有的应用搞得一清二楚。

当我们面对某个自动化项目时，了解系统中所有的关键元素是很重要的，或者借助于专家咨询或供应商，都有利于将项目从最初的设想到最终的实现。成功的关键经常不是已有的知识或技能，而是知道哪些地方你还不了解，哪里还需要帮助和建议。

72
~
74

典 型 应 用

摘要

本章讨论了在工业机器人每个主要应用场合应当考虑的具体问题。这些应用包括焊接、调配（如喷涂）、加工（如各种切割和材料去除等应用）、搬运操作（如铸塑、机床上下料）、码垛、拣选与包装等。本章首先总结了前几章已经讨论的内容，然后确定与每个机器人应用相关的一些要点。这些内容包括不同应用场合下使用机器人的主要好处，以及影响机器人选型的具体问题。

关键词：焊接，调配，喷涂，铣削，去毛刺，机床上下料，码垛，包装，装配

本章讨论了与机器人应用相关的关键问题。特别地，探讨了与每个应用场合相关的好处，以及当实现这些应用时需要考虑的关键点。当提出解决方案时，工程师必须要了解终端用户的能力水平。较复杂的解决方案会提高用户维护和操作系统所需要的能力水平。因此，特别是对新用户，将系统做得越简单越好。

4.1 焊接

如前所述，焊接是机器人最主要的应用场合之一，很大程度上是由于在这些应用场合下使用机器人可以获得利益。因此，重要的开发工作已经在近年来完成，为用户提供了完全集成和可靠的机器人焊接包作为标准解决方案的一部分。这些标准解决方案同时由主流机器人供应商和系统集成商提供，因此用户可以从供应商处选择合适的方案。

4.1.1 弧焊

典型的弧焊系统包括机器人和集成焊接包，对焊接过程实现完全控制（如图 4-1 所示）。将要焊接的工件固定在夹具中，保持各工件之间适当的位置关系。同时为了焊接准确，使用夹具可以保证接缝具有重复性。在焊接过程中，夹具可能安装在变位机上，方便工件调整姿态，保证机器人能够到达所有焊缝位置。

弧焊单元通常包括两个工位，允许机器人在其中一个工位上焊接，与此同时操作者在另一个工位上进行卸载和重新装载操作。这种配置能最大限度提升机器

人的使用率，因而能够达到更高的生产能力。这两个工位可以通过使用转台（夹具安装在转台的两边）来实现，或者干脆使用两个独立的工位。更加复杂的系统可能包括多个机器人、带移动导轨的机器人和多轴变位机等。如果不能保证焊缝位置的重复性，触觉传感和电弧跟踪可以让机器人找到焊缝位置。除此之外，基于视觉的焊接引导系统也可以派上用场。

图 4-1　弧焊

来源：《ABB Robotics》

考虑卸载和重新装载操作与考虑机器人焊接过程一样，都非常重要。除了合适的机器人，对于操作者来说夹具也应当操作简单。如果可能，夹具应该保证只允许工件被放置在正确的位置和方向上。这些夹具必须可以快速卸载和重新装载工件。这样可以确保机器人不用等待操作者，否则产量会降低。快速的装载和卸载可能需要自动化夹具，例如自动夹紧，但是由于夹具的复杂性增大，将导致成本上升。如果机器人单元要处理多个工件，那么夹具必须是可重复更换的。如果需要，这种功能必须在夹具设计和制造中体现出来。对于笨重的工件，可能需要使用起重机或者辅助起重设备来卸载焊件和重新装载机器人单元。机器人单元设计必须把这些需要考虑在内，这很有可能影响安全防护的设计。

我们有涵盖非常广的潜在的解决方案，包括从最简单的（例如，带转台的单个机器人）到多机器人系统，包括多轴变位机以及视觉跟踪。考虑机器人解决方案时，最重要的目标是基于很多现有的标准方案选择一个最合适的。总体的指导意见是，在能够达到要求的焊接质量和生产能力的情况下，解决方案越简单越好。

用户可能希望实施一个复杂的系统来加工整个装配组件，因为这看起来会获得最好的经济收益。但是这将很难成功实现，一方面是因为难以控制输入工件，另一方面是因为用户不能成功操作复杂的系统。选择一个更小的、能够生产子部件的机器人焊接单元通常更好一些。这样的布局能带来两个好处。第一，操控单元所需的能力水平较低，因此，工程师和操作人员学习掌握起来不会太难。第二，生产出来的组件是可重复的组件，因此，当进入下一阶段时（例如，整个焊件组件），输入工件更易于控制。

机器人弧焊的主要优势是，提高产品一致性和生产率。使用相同的参数，机器人会把相同的焊材焊接在同一位置。只要工件和焊缝位置是一致的，就能达到很好的焊接效果。这样可以改进产品一致性和质量，减少返工，确保能量和耗材使用得最适宜。典型的机器人系统利用率将达到85%或者更高，在整个生产过程中，它都在这个水平上运行。而人工焊接利用率通常只能达到35%，并且可能会被各种因素干扰，因为操作者不能在一个班次时间内始终保持完全一致的焊接水平。因此典型的机器人系统的生产能力相当于2~4名焊工，这个倍数由具体工件来确定。

对于有很多短焊缝的工件，例如座椅框架，因为机器人能在不同的焊缝之间快速移动和改变姿态而变得非常有效率。对于更大更重的工件，例如工程机械的组件，机器人的速度则主要受制于焊接过程。尽管如此，更高性能的工艺过程，如双丝焊接，可以利用机器人提升焊接速度，从而提高产量。

4.1.2 点焊

大多数点焊机器人都会安装在生产汽车车身的车间。它们通常是安装在单元中或者在传输线上的复杂的多机器人系统。在这些应用中，机器人最主要的优势是速度和焊接重复性。在焊接位置以及焊接过程的可重复性方面，机器人把刚好合适的焊材焊在要求的地方。因此，要求的焊缝减少了，也能保证所生产工件的完整性。

由于机器人定位具有重复型，所以减小焊接法兰的大小也成为可能。与焊工相比，机器人能搬运和转动更大的焊枪，实现其他方法无法实现的焊接，因此，也让焊件的设计有了更大的灵活性。通过这种方式，对于给定的成本，与其他自动化焊接站比较，机器人焊接具有更大的柔性，因此，可以利用相同的工艺设备生产不同型号的工件，而且产品改型设计可以更加频繁。

或许对于这些机器人应用来说，最重要的部件是给焊枪提供服务的管线包。管线包必须不能阻碍机器人的运动或者挡住待焊接的工件，但它也必须可靠。另外，管线包使用环境恶劣，经常遭受由于机器人运动引起的扭曲。因此，管线包在焊接操作中容易遭受磨损，由此，人们开发了专门针对机器人管线包的解决方案。但值得注意的是，管线包的成本会占据焊接机器人总成本的很大一部分。

管线包应该尽可能地集成在机器人的手臂中，在手臂的不同位置有插接件。这些位置通常都在机器人的底座、大臂，也可能在它的手腕处。这样设计的意图是能够快速移除和替换管线包中受损坏的元件，而不用移除整个管线包。通常情况下，为了适应不同的工艺需求，车身车间都会有许多不同的管线包。因此可对这些管线包进行编码，这样在机器人发生故障时，可以快速识别和正确安装备件。有些设备也可以用来标定和校准机器人，因此在机器人发生故障时，能移除和替换整条机械臂，不用再重新编程，确保生产能尽快重新开始。

点焊机器人也可以用于汽车零部件制造（如图 4-2 所示），以及汽车工业之外的其他工件生产。这些场合倾向于使用更简单的系统，通常使用一个机器人和一个转台或者一个变位机，就可以把工件传送到机器人面前。在这种情况下，管线包通常受到的磨损较小，因此管线包也没有汽车车身车间的管线包那么关键。这样的系统设计需求与弧焊系统设计非常类似（参见 4.1.1 节）。对点焊应用，使用机器人的好处同样是较高的速度和更好的一致性，比手工作业产量更高。 79

图 4-2　汽车零部件点焊

来源：《ABB Robotics》

4.1.3　激光焊接

由于所需设备的关系，激光焊接通常是成本较高的工艺。在很多应用场合下，人工操作是不现实的，而机器人能提供一个比其他形式自动化操作更灵活、更灵巧的解决方案。与激光焊接应用相关的关键问题有两个。首先，工件的状态，这是很关键的。工件拼装必须精确，要求焊接的工件之间的缝隙必须最小。否则，激光焊接工艺不能顺利实现。这要求输入的工件必须具备高度的可重复性，并且带有合适的夹具来确保焊缝最小。其次，激光焊接必须使用可靠的传输方式，某种程度上不会影响机器人的性能，但同时又能到达机器人的手腕处。这通常也可以使用专为机器人手臂设计的激光焊接包来实现。有许多激光机器人把激光传输集成在手臂中，但这样的造价很高，一部分是因为它的设计，另一部分是因为它们没有批量生产。另一个很重要的问题是安全问题。激光应用都被封闭在不透光的防护结构中，以确保不会对操作人员以及附近的工作人员带来危害。这就增加了防护系统的成本，同时也增加了工件输入或输出的限制。

4.2 调配

调配包含了所有形式的喷涂、密封以及涂胶应用，这些应用的特点是流体从调配系统输出到待加工的工件上。这种机器人通常都带有调配装备，在工件周围调整末端执行器的姿态，并将液体覆盖在工件上。还有一些情况，机器人把工件传送到静止的喷枪前，通常针对涂胶应用。这种方式的好处是机器人可以起到搬运工件的作用，减少机器人单元的总成本，但这种应用通常只限于较小的工件。

4.2.1 喷涂

喷涂应用（如图 4-3 所示）通常包含一个或多个喷涂机器人。工件放置在挂件上，挂件安装在输送机上，从而把工件输送到到喷涂机器人前面。传送带通常都是连续运行的，适用于之后的闪喷和烤漆工艺。假如传送带安装在地面上，它能避免灰尘和油脂从传送带和吊钩上掉落到喷涂工件上。更大的工件，例如卡车的挂车，在喷涂过程中可能会被牢牢地固定在喷涂房中，与此同时，机器人安装在导轨上，便于它们把工件所有需要喷涂的区域都喷上。对于较小的工件，例如电子设备的外壳，当输送要喷涂的工件进入烤炉时，可能会使用简单的工件搬运系统。该搬运系统允许操作员在卸载和重新装载转台时把已经喷漆的工件送到烤炉中去。

正如之前讨论的那样（见 3.3.2 节），喷涂机器人通常都配备一个工艺包，为执行器提供多种涂料和颜色。执行器可能是喷枪、静电枪或者静电喷杯。对于任何喷涂应用来说，对工艺设备的正确定义是非常重要的。这由喷涂材料、应用工艺的成本以及其他问题决定，如要处理的颜色数量和颜色改变的频率等。考虑喷枪的清理和冲洗系统是非常重要的，如果喷枪没有成功地彻底地清理，喷涂效果就可能会受到影响。对于二元喷涂（2K）材料来说，这一点尤为正确，假如涂料没有清除出工艺系统，那么混合后的材料就会变硬。对其他应用而言，标准的颜料包覆盖了一系列的材料和应用需求。最恰当的解决方案就是在最适宜的工艺解决方法和成本之间取得平衡。

图4-3   保险杠的喷涂

来源:《ABB Robotics》

喷涂机器人的主要好处是保证工艺过程的一致性。按照定义的喷涂参数,机器人会运行相同的轨迹。喷涂参数与系统的复杂度有关,机器人可以在工件的不同位置调整喷涂参数。因此,机器人可以喷出厚度始终如一的漆膜。如果与人工喷涂相比,喷涂专家通常也可以做出最薄的漆膜,但一致性不如机器人喷涂的高。不熟练的喷涂工会出现多种状况,喷出的漆膜通常会太厚或者达不到要求。另外,机器人解决方案会让涂料得到更有效的使用,在工件的尺寸和生产量一定的情况下,可以节省涂料成本,提高系统的经济性。

一致性也会提高质量且减少返工,同样能达到很好的经济效益,并且减少喷涂工人,降低把尘土带到车间的风险。另外,依靠路径的一致性和恰当控制喷枪,机器人能够提升输送效率,这意味着能有更多的涂料被喷到工件上,更少的涂料浪费在车间周围的空气中。这不仅能减少涂料的用量,也能减少车间的清洁工作量,同样节约成本。而且,机器人喷涂应用能让工作环境变得更好,操作者再也不需要被迫穿戴个人保护设备(PPE)在喷涂设备中工作,这不仅能节约PPE的成本,还能让工人远离不愉快的工作环境。

除了定义工艺设备的配置外,设计者还必须懂得综合机器人的可达空间、工件的大小、工件在吊钩上的位置以及受输送机速度控制的可用于喷涂的时间等因素。这些信息能让设计者决定所需的机器人的数量,选择可达空间适宜的机器人。

81
~
82

4.2.2 涂胶和密封

密封和涂胶应用可以使用喷射或者挤出工艺（如图 4-4 所示），具体如何选择通常是由材料属性决定的。喷射应用通常会在光洁度不是最重要的，或者工件的结合处无法精确定位的情况下使用。挤出工艺要求工件具有重复性，以及结合处的位置或材料要涂到的表面在任何 3 个方向都能被重复定位。

图 4-4　车前灯涂胶

来源：《ABB Robotics》

与之前提到的弧焊、喷涂应用类似，调配机器人的轨迹重复性至关重要，确保粘接剂或者密封剂准确地定位在工件表面。系统也许还包括流量控制设备，以确保材料被适量地附着在工件上。该功能可集成在机器人上，在工件不同的位置改变流量，它还能让流量与机器人的速度相适应。

该应用程序可能还包括环境控制设备，如温度控制，确保材料在最适宜的温度下调配。可能使用到二元材料，需要一个合适的搅拌器。一旦系统较长时间不用，就需要清洁系统，移除混合的材料。

喷涂系统喷涂一定的宽度。考虑了结合处相对于机器人的位置变化后，这个宽度应当总能覆盖密封的结合处。设计者应当考虑结合处的几何形状以及要填充的缝隙的大小。举个例子，密封外角往往很难，因为喷枪会把材料推到结合处的某一侧。类似地，覆盖孔洞或者填充大的缝隙也不现实，因为喷嘴会把材料从孔洞中吹出去。

只要工件位置不发生变化，挤出系统可以在适当的位置达到固定的宽度。假如距离（即工件上方距离喷嘴的高度）发生变化，那么喷涂的宽度会变得不稳定，类似于我们手工给蛋糕抹奶油时遇到的问题一样。在喷射和挤出应用中，假如可能，最好不使用有形状的喷嘴。假如喷嘴的方向不重要，喷嘴就不需要与结合处对齐，因此转角处也不需要旋转喷嘴，这能使整体的应用速度提高。

除了要控制涂胶区域的大小和位置处，机器人涂胶应用的速度比人工操作快很多。对于人工操作，每次结束时都会在结尾处留一点儿"尾巴"，这可能需要清洗设备。因此，与人工操作相比，机器人喷涂的操作时间会明显缩短，质量也会提高。

4.3 加工

加工应用包含各种去除被加工工件上材料的方法。这些应用包括切割操作、去毛刺操作和抛光操作。下面我们来讨论一些常见的机器人加工应用。

4.3.1 机械切割

机械切割包括去除铸铝件和塑料部件的浇铸口，以及塑料部件的铣削和修边。在某些情况下，切割操作集成在机器人的机床上下料系统中。举个例子，机器人可能会把工件从压铸机上移走，在把完工的工件放在输出工位之前，会把工件移到锯片上切除浇铸口。如果切割操作在压铸机循环时间内完成，机器人的利用率就会提升，切割操作可以在有限的成本内实现。

铣削操作通常都在塑料工件上实现，从铸造工件上移除多余的材料。这可能要求对工件周边进行修边以及在工件内切割孔或缝。为了确保切割符合要求，工件的定位非常重要，通常夹具的形状会与工件的形状相匹配，由一个真空吸盘把工件固定住。切割工具的选择必须与切割的材料以及要求的进给速率相匹配。

机器人选型的主要条件是符合要求的作业范围和要搬运工具的重量。切割操作可能给机器人施加的作用力也要考虑在内，这很重要，因为这个原因我们可能需要选定一个更大的机器人。

4.3.2 水切割

水切割将高压水从喷嘴中喷出，形成精细的喷流，从而提供切削力。而且，从机器人的角度来看，这种方法已成功地运用在注塑件的修边以及从孔缝中去除材料的操作中。为了切割更坚硬的材料，例如芳纶纤维，在水射流中引入磨料也是可行的。水切割的处理能实现非常清洁的高速切割，不会产生尘埃，切削速度大，因此这是一种效率高而又清洁的操作。

这种工艺会在车间的空气中产生水雾，但是，工件在送往下一个处理操作前必须做干燥处理。这通常需要在车间设计中嵌入一个干燥室。水切割过程会产生较大噪声，因此在车间设计中应该考虑如何降低噪声。假如使用了磨料射流，射流的威力和切割能力也会带来潜在的危险因素，因此车间的建造也需要更坚固。也必须考虑这种工艺对固定工件的夹具的影响。

水切割加工过程有两种方式。第一，使用一个固定的水射流喷头，机器人夹持工件，在切割头下调整工件位姿。这样的好处是，水射流从高压泵进入喷嘴比较容易。不过抓手必须要坚固，有足够的刚性固定工件，抵抗切割过程中产生的压力。机器人和抓手在加工过程中会过多地暴露在水射流下。第二，夹具夹持工件，水射流喷嘴安装在机器人末端。这种方案将是一个更大的考验，因为在高压环境下，高压水只能通过金属管道输送。这可能会降低机器人调整姿态的能力。通常的解决方案是，使用到机器人肩部的固定管道，然后再将螺旋管缠绕在小臂上，喷嘴安装在手腕上，从而实现将喷射流输出到喷嘴上（如图 4-5 所示）。当机器人手臂转动时，螺旋可以缠绕也可以展开，因此不会妨碍手腕的活动。机器人应当进行水雾防护，通常的做法是对机器人臂使用 IP67 的防护等级（见 2.3 节）来实现，而不需要给设备添加额外的保护罩。

图 4-5　汽车保险杠的水切割

来源：《ABB Robotics》

4.3.3 激光切割

激光切割是一种可应用于机器人的高效率生产过程，特别是对于那些需要切割出三维形状的工件。激光切割应用的要求与激光焊接很相似（见4.1.3节）。激光切割精度高，但是在某些情况下，尤其是对小孔切割，设计者应当先研究机器人的工作路径，确保它能满足应用的需求。

4.3.4 磨削与去毛刺

在去毛刺和磨削应用中使用机器人的数量很大。这要归功于日益严格的健康和安全标准，另外，在这类处理工艺中应用机器人，使操作员患"白手指"职业病和重复性压迫损伤的风险降到最低。

86
～
87

通常有两种应用水平。第一种是相对简单的材料去除操作，例如锐边去毛刺。使用机器人去毛刺可以减少工件搬运。在这种情况下，不需要达到任何特定的尺寸。相反，它只是单纯地想要清理边角。比如发动机缸体，在完成机械加工后，需要去除残留在加工表面或者孔口位置的飞边。

典型的机器人去毛刺应用可能需要一系列的不同类型的工具，包括刀具和砂带。机器人单元可能因此需要工具转换器，让机器人根据待加工特征挑选合适的工具。去毛刺刀具必须用轻微的压力接触工件，并在路径上一直保持这种接触。为达到接触力的一致性，最简单的方法通常是刀具带有一定的柔性或者刀具支架带有一定的柔性。重要的是，柔性机构是为了确保在整个操作所需的所有方向去毛刺设备都能运行。

磨削通常与去除金属铸件上的材料有关，以便达到特定的尺寸（如图4-6所示）。这也可以用于去除毛刺。机器人磨削的挑战通常是由被移除的金属材料不均匀造成的。去除毛刺通常需要轻微去除，假如将工件安全且一致地安装，机器人将沿着确定的路径移动刀具，且刀具不需要具有顺应性，就会达到所需的尺寸。该应用需要考虑刀具磨损，一般的方法是刀具定期更换刀具或者使用刀具磨损检查系统。

第二种是，在大多数磨削应用中，例如铸造行业，要去除的材料量会很大。这就需要使用比去除毛刺应用更重载、刚度更好的机器人，而工件夹具，无论是在机器人上的还是在独立夹具上的，都要有很好的刚性。一种方法是给机器人编程，让它跟随要求的轨迹，利用有足够功率的切割工具来去除最多的材料。该方法的不足之处就是，机器人和切割工具可能会比大多数加工工艺要求的尺寸大，并且总体的加工速度可能会被去除大毛刺（所需的速度较低）所限制。

图 4-6 船用螺旋桨的铣削和磨削

来源:《ABB Robotics》

　　另一种方法是使用力控制装置。力控制装置可以控制磨削的压力或者速度,当大毛刺出现时,可以根据需要调整机器人的速度和路径。该方法确保能达到合适的结果,与此同时,让机器人的速度最大化,可以使用更小的机器人和切割工具来实现磨削目的。然而,力控制成本较高,而且它会增加系统的复杂度。

4.3.5　抛光

　　机器人抛光已经广泛应用在各种构件中,包括门用五金、医学植入体,以及航空发动机涡轮叶片。在所有的应用环境中,光洁度很重要,但是在某些案例中,例如涡轮叶片抛光中,工件的尺寸同样重要。人工抛光过程会产生与磨削和去毛刺一样的健康和安全风险(见 4.3.4 节)。但是,抛光通常要求表面光洁度,熟练的操作者往往更容易做到,而利用机器人系统来实现则不太容易。手工抛光可以有视觉反馈的优势,这是当前机器人系统不具备的。

　　对于类似于门用五金和医学植入体的构件抛光来说,机器人通常要在另一台或者更多的抛光机之间移动工件(如图 4-7 所示)。通常有多个抛光机,每一个都带不同目数的砂带,或抛光布轮。机器人把工件依次移向不同的砂带,从目数最小的开始,在每一条砂带上执行一系列的抛光步骤,直到工件最终完成布轮抛光。

　　同样的方法也可以用于较小的航空发动机叶片的抛光,可使用力控制技术,以确保可以应用适当的接触力来达到要求的光洁度。对于大型叶片,这类工件可以安装在伺服驱动的变位机上,在机器人前面转动工件方向。这些变位机与那些用于电弧焊接使用的变位机一样(见 3.3.1 节)。机器人夹持工具,通常也包括力控制，来控制机器人的路径。假如需要很多工具，那么工具转换器也会包括在系统中。

图 4-7   抛光

来源：《ABB Robotics》

4.4   搬运与机床上下料

应用机器人最多的领域是搬运和机床上下料。这个领域涵盖了在许多不同领域的、非常广泛的应用，跨越所有不同的行业，从电子工业到铸造工业。尽管潜在的应用领域很广泛，但所有设计师都必须考虑一些与机器人选型相关的共性问题，这将在第 5 章中做更详细的讨论。接下来我们将探讨与每个主要应用相关的具体问题。

4.4.1   铸造

机器人能够处理与铸造相关的操作，包括注塑机的下料和模具清理、砂芯搬运及装配和金属浇铸。在这些工作环境中，特别是与机器有近距离接触的环境，都是令人不愉快的和辛苦的，这也是应用机器人的主要动机之一。在某些情况下，例如金属浇铸，操作非常危险；在其他的情况下，例如砂型铸造，机器人搬运的工件是易碎的，因此，操作需要非常可靠，小心轻放。在后一种情况下，机器人的重复性对操作非常有利。

压铸（如图 4-8 所示）被广泛应用在制造不同尺寸的众多工件中。假如工件必须从模具中移除并小心放置，那么机器人能提供良好的解决方案。机器人能够实现连贯的生产循环，确保开模时间（影响模具冷却）是一致的，因此可以改进生产中的工件质量。同样一个机器人还可以给模具喷射润滑剂，同样有利于产品的一致性，确保模具的关键部位都喷上润滑剂，从而提高生产质量。还有一种方法，假如模具的循环时间非常重要，可以在注塑机的顶部再安装一台机器人，让它执行润滑喷雾操作。一台机器人可处理多台压铸机或者也可能在压铸循环中执行其他操作，例如清除浇铸口。

图 4-8   压铸

来源：《ABB Robotics》

　　用于压铸和金属浇铸的机器人通常都配备了更高等级的防护，例如 IP67 以及耐腐蚀的环氧树脂漆处理，允许蒸汽清洁。这能保护机器人免遭严酷环境的破坏。在很多压铸应用中，模具都会把工件往外挤。这就会带来问题，因为机器人通常都会抵抗这个挤出力。要解决这个问题，"柔性伺服系统"能做到随动控制。这意味着机器人不会抵抗挤出力，相反，它还随着这个力移动，一旦工件成型，正常的伺服运动控制将会重新启动。

4.4.2　注塑

　　机器人用于注塑机下料已经很多年了（如图 4-9 所示）。处理的产品包括汽车的内部和外部工件、移动电话的外壳、割草机配件，甚至是啤酒罐上的小零件。利用机器人为注塑机上下料，开模时间是固定的，模具冷却的时间是一致的，所以具有固定的循环时间，可以带来经济效益，也可以提高生产质量。这也可以通过专门的自动化控制来实现，但仅限于卸载操作，而且这种专门的自动化控制一般就是把工件放到传送带上。机器人则可以处理更多的操作，包括下料等，它们还可以把工件放到输出口的准确方位，把损坏的风险降到最低。

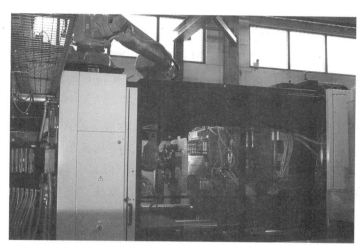

图 4-9　注塑机的下料

来源：《ABB Robotics》

抓手尽量采用简单的轻量化结构，用真空吸盘夹住工件。为了确保高效率操作，机器人必须在机器刚打开时就准备好进入机器，然后当机器人离开时，机器就必须马上关闭。这样可以最大化生产能力。机器人作业范围通常是关键参数，因为工件通常很轻。在某些情况下，当需要达到很高的生产能力时，操作的速度也是很重要的。

尤其是，机器人数据表提供的信息（速度和加速度）用处不大，因为这些理论上的最大值在实际生产中不可能实现。较好的方法是仿真这个操作，以便决定真实的循环时间。与跟其他机器上下料的应用一样，机器人可以与注塑机集成在一起。注塑标准（例如 Euromap 12 和 67，欧洲塑料和橡胶工业机械制造商协会）已经制定出来，为注塑机提供一个预先定义的接口协议。除了标准接口以处，往往还需要其他接口。

4.4.3　冲压与锻造

手工操作冲压机是一项辛苦的工作，通常都要在严酷的环境下进行，特别是在铸造车间内。与这么危险的机器打交道，操作员的安全势必会减少冲压的产量，这是由于操作人员在冲压循环开始之前必须要完全离开机器。机器人的使用不仅为改善操作人员的健康和安全提供了便利，而且也增加了冲压机的产出。

冲压操作往往要求在最短的时间内，完成下料和将新工件重新加载到冲压机上，以便达到最大的冲压产出。冲压操作通常要求在多台冲压机上执行不同的冲压，以便达到最后的形状。第一台冲压机接到毛坯，毛坯通常是一摞一摞的，经过最后一台冲压机后，工件通常被放置在货架上，然后被运走或移动到工厂的另一个区域。

相关的工具通常是简单框架结构，并带有真空吸盘用于抓取工件。这些框架结构往往都很大，因为通常操作范围很长，而且它们可能都是由铝制部件建造，但使用碳纤维构件会增强刚度。这些工具通常都带快速更换装置，便于安装和维护。这也有利于工具的频繁更换。

机器人往往安装在冲压机之间。这样的布局能为安装冲压机模具留出通道，也有利于冲模快速更换。可达范围决定了机器人选型和抓手框架结构的大小。机器人也可以和冲压机实现交互，最大程度地缩短循环时间。这可以通过为冲压运动安装编码器来实现。编写机器人程序，使之能在模具完全打开之前就进入冲压机，然后冲模可以在抓手和工件完全移出之前就开始关闭。

锻压也要求工件在不同的压机间移动，尽管工件的温度可能非常高，甚至超过1000℃。另外，环境中充满了润滑剂喷淋产生的油雾。因此，机器人需要防护以免受油雾侵蚀，就像4.4.1节描述的那样。机器人通常都会配备加长的工具来抓持工件，同时把机器人手腕保持在锻压机以外的区域内。抓手也需要高温保护，在某些情况下，为了提供足够抓持坯锭的作用力，往往需要使用液压驱动的抓手。

4.4.4　机床上下料

将机器人应用于机床上的主要好处是不再需要人工干预机床。机床已经实现自动化，而仅需的手工操作是卸载加工好的工件以及把新的需要加工的工件装载上去（如图4-10所示）。如果采用手工完成这些工作，可能会导致机床运转节拍的延迟，假如操作者没有在机床完工的同时完成工件转换，或者是没有尽可能快地完成转换过程。机床在没有人管理的情况下也会停止运转，就像在休息时那样。

通常情况下，机器人都配备双抓手，所以当它进入机床时它已经抓持了新工件。然后它就可以很快地移走加工好的工件，直接把新工件装入机床而不需要退出机器。因此，工件转换过程比手动操作更快。

因此，上下料过程的自动化操作可以提高机床的利用率，从而提高产出。也可以提供工件缓冲区，让机器人在工人休息以及正常工作时间之外的时候继续给机床上下料。在生产率一定的情况下，这可能会减少所需的机床的台数，同时减小放置这些机床所需的空间。假如机床加工时间很长，机器人还可以在这段时间内执行其他的操作,例如去除毛刺,从而获得额外的效益。还有一种情况,假如需要多台机床,要么可以在同一个工件上执行不同的操作,要么可以提供并行的加工操作,机器人能与多台机床合作,增大机器人的利用率,提升自动化操作的效率。

95

图 4-10   机床上下料

来源:《ABB Robotics》

现有的标准系统包括机器人、输入和输出传送带,以及视觉系统。输入传送带装满了工件,工件杂乱无章地摆放在传送带上。视觉系统为机器人识别工件的位置,然后机器人就可以拾取工件把它装到机床上。一旦工件加工完毕,它就被放到输出传送带上。还有一些类似的技术方案,将一箱箱的工件装入系统,输送带自动将工件从箱子输送给机器人。因而系统可以一次装入一批工件,在无人值守的情况下运行数小时。

自动化产生的节省不单纯来自劳动力的节省。还来自于现有机床增加的产出,因而也减少了对多余机床的投入。这些额外的节省是显著的,它是支撑机器人上下料系统技术经济性的重要因素。

选择合适的机器人主要由可达空间和所需的负载能力决定。可达空间是由机床的大小和进入机床的通道以及机器人周边系统等其他因素决定的。通常情况下,安装在地面上的机器人是首选路线,但是在某些情况下,机器人安装在机床正上方可能更有利于机器人上下料。机器人还可以安装在导轨上,为多台机床提供上下料服务。同样,导轨可以安装在龙门架上,地面上占据的面积就减少了,因而有利于人工对机床进行工具转换和维护。

关于机器人的负载能力,设计者必须考虑抓手的重量以及工件被抓手抓持时相对于机器人手腕的位置。这种偏距可能较大,因而减少了机器人可以承载的重量（见2.2节）。假如使用双抓手，在一个循环周期内，机器人可以承载两个工件，而这额外的重量必须考虑到。

为提供一个有效的系统，设计师还必须考虑与这台机床相关的问题，例如清除由机械加工过程产生的金属切屑，以及刀具寿命和刀具的转换频率。如果这类问题频繁发生，采用自动换刀系统就可以带来经济效益。假如机床用来生产一系列多样化的工件，那么工具转换的通道必须考虑在内，另外，机器人上可能的抓手转换以及机床维护也必须考虑在内。

96

也可以将机器人看作机床操作的一个部件，如在弯管机和折弯机中的那样（如图4-11所示）。在这些情况下，机器人调转工件方向，确保正确的折弯形状。这些系统可以带来与机床上下料类似的经济效益，特别是在提升生产率、提高工件的重复性以及减小健康和安全风险等方面。

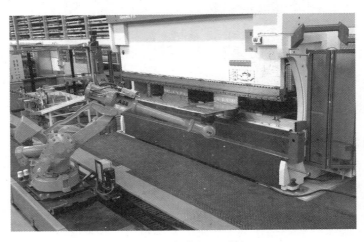

图 4-11 折弯机上下料

来源：《ABB Robotics》

4.4.5 测量、检验与测试

机器人可用在多种检验场合。应用机器人的主要好处是能够移动测量设备，例如视觉系统，到许多不同的位置点去检测或者测量被测试产品的不同部位。机器人也可以用作机械测试平台，而不需要专门定制一套运动系统。在两种情况下（移动测量设备和移动工件），使用机器人的好处是可以减少整个系统的成本。前一种情况需要较少的测量设备，而在后一种情况下，机器人的成本可能低于设计和生产定制的测量系统。

考虑使用机器人时，一个很重要的问题是要记住机器人都不是准确的，因此设计者必须补偿它们固有的不准确性。如果进行绝对测量，那么也必须考虑适当

97

的补偿以及参考测量。另外，可能也需要把温度补偿包括进来，以便考虑由于环境的改变而导致机器人发生物理变化。

4.4.6　码垛

由于操作的速度和机器人带来的灵活性以及机器人系统提供的可靠性，码垛成为机器人的主要应用领域。与人工操作相比，机器人码垛减少了人力举升操作，在节约人力成本、提高操作速度、改善操作者的健康和安全等方面带来了效益。与专用的码垛机相比，机器人能增加灵活性，并且在某些情况下，特别是对于轻包装货物，可以提高码垛的可靠性。灵活性的增加允许把不同的货物包装放到不同的托盘上，即使这些货物包装在同一条传送带上，这样能减少因为托盘转换而损失的时间。

通常情况下，四轴机器人用于码垛，因为没必要改变货物的方向（如图4-12所示）。机器人选型很大程度上取决于搬运重量和可达空间，设计者还要根据要码垛的产品以及系统布局来确定具体的机器人型号。要求的生产节拍可能还会影响机器人系统设计，假如需要机器人在每个循环中拾取多个货物或者完整的一层。5.2.3节将更深入地从方案设计的角度来讨论机器人的选型。

图4-12　油漆桶码垛

来源：《ABB Robotics》

夹取货物的方法是码垛系统的重要问题。在很多情况下，因为具有简便性、操作速度、抓手重量以及成本等好处，气动解决方案一般都是可行的，同时也一般都是首选方案。这可以通过一组气动吸盘来实现，另外，还有一种方案是通过购买成型的抓手来实现的。成型的抓手通常比单独的一组真空吸盘具有更大的灵活性。对于袋子，特别是粉末和松散的材料，经常使用蛤壳式抓手（见3.4节）。对于这些类型的产品，它是非常有效的，但蛤壳式抓手还是比真空吸盘慢。使用机械抓手也是可行的，例如叉车的举升设备。夹持位置一般都在包装袋的侧面，所以对袋子在托盘上的堆码形式有限制，因而它们比真空吸盘慢。使用它们时必须非常小心，确保它们不会损坏货物包装，但是在某些情况下，它们是最适宜的方法。

4.4.7　包装与拣选

在包装和拣选中，应用机器人的好处通常体现在生产能力上，还有节省劳动力，特别是对于那些多班次操作的任务，并且能改进产品质量的一致性。视觉系统通常用来辨别要拾取的产品的位置，然后它还能提供质量控制。在某些情况下，特别是产品很重时，使用机器人还有健康和安全方面的好处。

假如操作需要很高的速度，而产品又很轻时，最佳选择就是三角型构型的机器人（如图 4-13 所示），例如 Flex-Picker 机器人（见 2.1.4 节）。这种机器人是专门为此类应用而设计的，尽管它们一般都是四轴的，但是该种轴布局形式能实现绝大多数包装和拣选所需的运动。在某些应用中，特别是把产品放进盒子和纸板箱后的二次包装操作，六轴机器人可能更有效率，因为它们能够在其他两个方向调整包装物的姿态。如果要将货物放入包装箱里，关节臂型机器人是较好的构型。

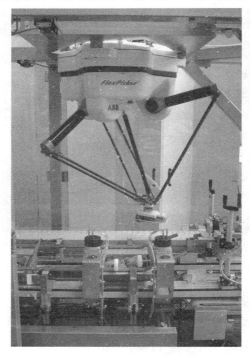

图 4-13　机器人包装

来源：《ABB Robotics》

对于大部分包装工序，夹取技术是一个挑战，而且抓手的重量可能比产品的重量更大。因此，在确定抓手的基本设计之前，机器人选型是不能确定的。同时，一次包装应用通常在食品工厂里，需要高度注意，这里卫生是至关重要的，机器人必须达到相关标准，并设计成能够彻底清洁的机器人（见2.3节）。

4.5 装配

装配是一个日益增长的机器人应用领域，电子行业是它的主要用户，尤其是在消费电子产品领域。典型的机器人装配系统如图4-14所示。机器人具有高精度、速度和一致性，这些都是手工操作无法实现的，还能提供柔性，而这些又是专用装配系统无法实现的。虽然SCARA机器人常用于装配（见2.1.2节），但现在六轴和三角型机器人越来越多地应用于该领域中。三角型机器人具有很高的速度，但它的工作空间较小，而且必须将它安装在操作对象的上方。SCARA机器人同样能很快，而且与三角型机器人一样，它们仅限于四轴，但它们可以提供一个更大的工作区域。SCARA机器人的成本往往比同样的三角型机器人和六轴机器人更低。应用六轴机器人的主要好处是它们灵活性很高，这能实现额外的姿态调整能力，减少装配系统设计的风险。

98
~
100

图4-14　机器人装配系统

来源：《ABB Robotics》

对于绝大多数装配应用来说，最重要的参数是速度，特别是电子产品的装配。用于装配的机器人的说明书包括标准的门型测试（见2.1.2节）。该测试包括向上移动、横移和向下移动，能够给出标准装配动作所需要的时间，因此，该测试方法可以用于比较不同的机器人。机器人的有效负载很重要，同时必须考虑安装机器人抓手的重量。机器人的作业范围和尺寸也很重要，这通常是因为装配系统必须很紧凑。因此，紧凑的机器人可能比更大的机器更适合装配操作。

101

除了以上提到的参数外，机械装配应用可能需要施加力把两个工件压在一起。在这种情况下，机器人能否提供操作力就很重要了。这类信息在机器人的数据表上通常都不会体现出来，若要获取这些信息，或许需要与供应商进行更详细的沟通。装配系统可能包括连接功能，使用额外的紧固件（例如，螺丝钉和螺栓等）。实现这类操作的自动化是可能的，但有些操作可能比其他操作更容易实现自动化。产品的设计和固定方法也会很显著地影响自动化系统的简便性，以及最终解决方案的可靠性。

影响装配应用的最重要因素是位置的重复性。假如两个工件通过机械方法连接在一起，工件必须定位在容许的偏差内，使得连接操作得以进行。这可能需要在工件上做出某些类型的凸起和倒角，也可能需要视觉来确定工件的位置。工件本身也需要具有重复性。举个例子，假如某个组件要插入印刷电路板，该工件的支腿必须是笔直的而且没有损坏的。装配的其他挑战之一是组件的输入（见 3.1.3 节）。使用振动喂料机和其他机械装置可靠地把工件输入装配系统中是装配系统成功的关键要素。

102

Implementation of Robot Systems: An Introduction to Robotics, Automation, and Successful Systems Integration in Manufacturing

机器人方案设计

摘要

本章主要介绍开发自动化应用方案所需的步骤。首先，确定关键参数，如工件细节和生产效率。然后，讨论弧焊、机床上下料、码垛、包装和装配等主要应用领域的初始方案设计，接着讨论其他应用领域。在方案设计阶段，还应该考虑主要控制和安全问题，以及方案细化中的测试和仿真等问题。

关键词：弧焊，装配，循环时间，调配，机床上下料，喷涂，一次包装，二次包装，运动仿真，离散事件仿真

无论应用系统复杂与否，为了达到最佳应用效果，每个机器人系统都需要经过许多设计步骤和反复修改。目标总是在给定的预算和时间内成功实施机器人系统。成功的系统要求达到期望的生产率、质量目标和并获得预期的经济回报。影响经济回报的因素有很多，这些因素将在第 7 章中详细介绍。

本章阐释项目能否成功实现所需的步骤，强调常见误区，并指出避免的方法。机器人系统的研发和实现与其他投资项目没有多大的区别，不是我们不知道机器人可以做什么，更重要的是，我们要知道它与人相比较，机器人不可以做什么。机器人没有人类的智慧和感官，因此，它们并不能直接替代人。机器人解决方案设计应与机器人系统的能力，特别是工件和工艺过程相适应。这常常要求改变人工流程以适应机器人流程，但总的结果经常是改进了生产。

需要指出的是，用一个新机器人去替换一个旧机器人是比较简单的。在这种情况下，虽然更深入的研究也许可以找到新机器提高系统产出和质量的方法，但是大多数流程和应用已经确定。决策过程也要考虑重复利用或替换现有的设备，包括替换机器人。旧设备也许会使新机器人的性能大打折扣，因此，短期的节约也可能会造成长期费用的增加。由于安装了新机器人，所以安全和防护系统需要升级，以便适应当前的标准。虽然更换新机器人是简单的方法，但是仍需要细致的调查研究。没有经过调查研究，替换机器人的成本将会极大地增加，预算也会超支。

5.1　确定应用参数

成功项目开发的第一步就是要充分了解当前应用的具体情况。这个道理是显

104 而易见的，但是，在这个阶段，往往会忽略很多细节，并且这些细节直到项目实施才会被发现。这些疏忽可能会对项目成败和成本造成负面影响。下面的论述基于理想情况，因为在大多数情况下，很多信息都是未知的。然而，工程师仍要尽可能多地获得重要信息，对未知因素引起的风险要有深刻的理解。

首先，工程师需要得到所有与工件相关的图纸和说明文档以及基本工艺流程。例如，如果考虑焊接项目，那么工程师需要确定焊接工艺的类型、焊丝的尺寸和类型、焊接气体以及焊缝尺寸和其他参数。在可能的情况下，查看实际工件和现有的操作流程。最重要的事情就是确认当前操作下工件的变化情况。这些变化情况包括工件在尺寸、表面质量、粗糙度、清洁程度和形态等方面有无变化。关键是要确定实际情况而不是仅仅从图纸或者说明书上获取信息。应着重理解关键参数，因为对于不同的应用、工艺和解决方案，关键参数都是不一样的。

对于码垛应用，如果用真空吸盘来实现箱子的拾取，那么箱子如何封口就十分重要。在焊接应用中，准备子装配件的工艺流程和机器设备是十分重要的，因为要依靠它们来保证工件和焊缝位置的重复性。在这种情况下，用激光切割工件，然后用数控折弯机折弯，这样就为机器人焊接提供了重复性好的工件。机器人装配时，工件的尺寸公差和表面洁净度是十分重要的。机器人给机床上料时，如何传递工件十分重要。提供包罗万象的清单是十分困难的，因为参数取决于将要实施的工艺流程、工件类型和自动化解决方案。更多的细节以及如何撰写产品说明书将在第 6 章中介绍。如果严格按照正确步骤实施机器人应用，那么这些具体问题就会迎刃而解。

在可能的情况下，工程师应该与正在操作的工人共同商讨当前的应用方案。操作人员都很有经验，并且可以解决很多实际问题。在他们工作过程中所执行的一些操作也许能使得工作变得轻松或者简单，但这些适应性很好的方法可能在工艺文件或者施工方案中没有出现过。例如，操作人员可能采取简单的改变，就能允许输入重复性稍差的工件，而这些措施并不会在相关说明书上列出来。操作人员也可能解决了产品适应性问题，有些问题已经在生产过程中明确并得到了解决，但是并没有告诉工厂的其他部门。如果不知道这些信息，可能就需要增加额
105 外的设备和工作来实现机器人系统，工程师设计的方案的成本就会远超出预算，或者不能实现预期的产品目标。

下一步是定义所需的生产率、设备轮班数、每个班次的小时数以及每年工作周数。目标是确定达到必需生产量的期望循环时间。在这个阶段中，工程师也需要确定机器人单元预期的操作效率。其中包括由于故障、计划性维护、耗材补充导致的停机时间，以及其他配套设施造成的机器人停机时间。这些将影响机器人单元的正常运行时间。其他停机时间可能包括午餐时间、操作人员缺乏导致的停

机时间等。据此，工程师可以确定满足预期效率的期望产量的目标循环时间，得到下式：

$$目标循环时间 = 总可用时间/预期产量 \times 效率因子$$

在计算过程中的效率因子可能只有85%。典型机器人的平均故障间隔时间应大于90%，但将系统每一部分的效率因子相乘后，整体效率就下降了，通常最好做保守估计，特别是在项目的早期阶段。除了循环时间外，工程师还必须掌握工件所需的操作以及相关的工艺参数。以弧焊应用为例，包括焊缝位置、焊缝尺寸、焊接长度、焊缝的具体细节、焊缝的可达空间以及工件的尺寸和重量等。

5.2　初步方案设计

初步方案设计的依据主要来自两个方面，一是早期累积的历史经验，二是对应用对象的详细研究。如果已经有类似的应用做参照，工程师可以据此列出可行方案的大纲。方案设计是一个反复迭代的过程，以方案大纲作为出发点可以使过程简化。应该围绕应用对象来考虑方案设计，并确定初始方案。下面的几节将对方案设计提出指导性建议，并针对主要的机器人应用介绍相关设计方法的注意事项。主要的机器人应用包括：弧焊、机床上下料、码垛、包装和装配。我们还将对点焊和激光焊接、喷涂与调配、材料去除等其他应用进行概括性介绍。

106

5.2.1　弧焊

最简单的弧焊系统包括机器人（含焊接包）和两个工作台。每个工作台上有若干夹具，用来固定工件。当机器人在一个工作台上焊接时，操作人员可以在另一个工作台上进行卸载和重新安装待焊件。如果机器人焊接时间比上下工件操作时间长，那么机器人就可以连续工作，并实现产出最大化。

另一种方案可能采用手动转台来代替两个固定工作台。这种方案可以减少操作人员的移动，因为操作人员不需要在两个固定工作台之间来回走动。它也可以简化安全防护要求，提高机器人焊接工件的可达性（尤其是从侧面），如果采用转台，朝向机器人的那一侧是完全敞开的。转台有利于焊枪到达焊缝位置。如果一次只加工一个工件，那么转台是很合适的选择。换句话说，两个夹具也是一样的。因此，操作人员可以从同一个地方安装待焊件、拆卸成品件。如果生产不同的工件，选择两个固定的工作台更合适一些，因为它们可以提供两个独立的工作台，减少工作台附近的拥挤，避免不同工件之间发生混淆。此外，工位转换时间也会更短，因为转台依靠人工实现转换，而两个固定工作台可以由机器人实现快速转换。

更复杂一些的系统包含电动转台。它的转动不再依靠人工,特别适合于体积大、重量大的工件。与手动转台一样,电动转台也提高了机器人焊接工件的可达空间,但是它使安全防护工作变得更为复杂,因为电动转台本身也需要防护,同时也增大了工作单元的体积。固定工作台、手动转台、电动转台三者各有利弊,应根据实际情况来选择。

在设计弧焊系统时,工程师必须首先考虑焊接过程中工件的转动要求。有时需要将焊缝位于一个推荐的角度上(如 45°),从而使焊接过程最佳,尤其要避免垂直向上焊接。在以上两种情况下,可以采用变位机来为焊接提供更好的条件,而不是考虑提高机器人的可达空间。在某些情况下,还可以采用两步法来实现焊接:第一步,选取一个方向对工件进行焊接;第二步,选取另一个方向对工件进行焊接。在步骤切换时,操作人员可以转动工件。例如,操作人员采用有两个夹具位置的工作台。在装载周期,工作人员将已经完全加工好的工件从第二个焊接位置移出,将已经完成第一步焊接的工件拆下来,变换角度,然后转移到第二个焊接位置,再将未焊接的工件安装在第一个焊接位置。因此,在每个周期内都有新工件开始焊接,同时有已经完成焊接的工件产出。如果需要,还可以在第二个焊接位置装载附加的工件。

在对管子和箱体进行焊接时,姿态调整能力尤为重要。通常要求焊件能一次焊接完成,避免多个起弧点和灭弧点。例如,如果焊件有防漏性要求,那么起弧点和灭弧点应该尽可能少。因此,为了可以焊接工件的各个部位,在焊接过程中需要调整工件的姿态。如果焊接过程需要调整工件姿态或者在焊接周期内人工调整工件姿态不能实现(比如工件太重或者调整过于频繁),那么,在加工单元内可能需要变位机。基本的变位机通常包括单轴伺服驱动的头架和尾座。夹具通常放在头架和尾座之间,因此通过机器人程序控制可以实现伺服驱动轴的旋转,从而实现夹具旋转。应该根据工件的尺寸和重量选择变位机。依据承重能力、最大回转直径和最大长度等,这种单轴变位机的可选尺寸的范围很大。承重能力必须包括工件重量和夹具重量,而夹具重量往往大于工件重量。最大回转直径必须大于工件与夹具组装后的整体的回转直径;长度必须允许夹具放在头架和尾座之间。

与使用两个固定工作台类似,单轴变位机往往成对使用,它们可以放在机器人的两侧。机器人在一侧进行焊接,工人在另一侧装载和卸载工件。但这种布局会增加防护难度,因为必须保证操作人员不会受到工位上产生的电弧光的伤害。在两侧放置变位机会使两个工位隔离开来,然而这在同时加工不同工件时是有利的,可以减少装卸工位的拥堵并提高焊接单元内的流水化程度。但在操作人员同时对两个工位进行操作时,可能会增加操作人员的走动距离。

另一种方法是将两个变位机并排放置。这种方法可以简化防护工作量，但是它要求将机器人安装在伺服驱动的导轨上，以便保证机器人与变位机之间有良好的可达空间，因此会增加成本。对于长的工件，总是需要使用导轨，因此外加导轨带来的成本增加不是问题。

图3-4为两工位的单轴变位机。实际上，是将两个变位机安装在一个转台上。同样的问题，在选择最合适的单轴变位机时，主要考虑变位机的承重能力和尺寸等。还要考虑转台的回转半径，确保机器人不在回转范围之内。此时，机器人距离待焊件较远，这也就意味着需要一台更大的机器人。回转半径同时也限制待焊件的最大长度。总之，这种两工位变位机只适合于待焊件尺寸较小的情况，否则回转半径就是一个大问题。除此之外，机器人还可以安装在工件的上方，不在回转半径之内，但这会引起维护方面的问题。

更先进的类型是H型变位机（如图5-1所示）。这种变位机的原理与之前的变位机相似，它也是由两个单轴变位机组成。与之前不同的是，这种变位机绕水平轴而不是垂直轴旋转。因此，可以靠近焊接工位安装机器人。因为焊件长度不受回转半径的限制，所以H型变位机可适用于更长的工件。这些两工位变位机在工位之间都有电焊防护网，保护操作人员在机器人焊接时不会受到电弧光的伤害。

图5-1 H型两工位变位机

来源：《ABB Robotics》

还有可以在两个方向旋转工件的两轴变位机（如图3-5所示）。这种变位机通常用于有特殊定位要求的工件，如越野车的组件，这种组件往往由较厚的金属工件组成，并且需要多层多道焊接。也可以将这种两轴变位机安装在转台的两侧作为两工位设备，这种变位机就组成了四轴系统。

变位机对焊接单元的成本有较明显的影响。另外，夹具产生的费用也不可小觑。如果使用一个机器人不能满足既定的生产率和循环时间，也可以在一个工作单元中使用两台机器人。两台机器人可以覆盖更大的工作范围，因此可能就没有必要安装导轨了；同时两机器人的总成本也明显低于两个独立工作单元的成本之和。但这种方案的难点在于需要平衡两个机器人之间的工作量，确保焊接单元的生产效率最高。

这时，工程师可能还没有设计夹具，但是，他们经常根据以前的经验，对待焊件的尺寸和重量进行估计。变位机的类型以及方案设计会影响夹具设计，因此，在设计夹具之前，工程师需要制定初步方案。

109
~
110

如上所述，为保证系统安全工作，工程师一定要考虑安全及防护措施。工程师还需要考虑工件的安装和拆卸问题。有的工件很重，可能需要叉车或者桥式起重机，同时还需要考虑工位上下料时，这些起重设备不能影响机器人焊接等问题。还需考虑安装和拆卸过程中变位机的负载问题。两工位变位机可能会被极重工件的物理负载所影响。如果安装工位造成变位机振动，那么这种振动可能会传递给焊接工位，从而影响焊件质量。在方案设计阶段，一定要对这些问题加以考虑，也可能依据经验选择单工位变位机。

机器人工作单元内相邻操作之间的焊件的流动性问题，也需要特别注意。妥善解决这个问题可以减少工位堵塞，保证工件供给，有助于操作人员完成工作。最后，设计方案可能是固定工作台、手动转台和变位机的组合体，以便满足焊接需要。通常情况下，一个系统最少需要两个工位，但有时越多越好。例如，如果需要经常更换夹具，那么三四个工位更为合适。配备适当的防护系统，这样就允许在更换夹具的同时，操作人员和机器人还可以在其他的工位上进行操作。

确定了基本布局（包括变位机选型）之后，工程师应该考虑焊接设备的选型问题。首先，工程师定义满足任务需要的焊接工艺包。此阶段机器人设计的主要问题就是焊接设备的重量。例如，双丝焊接设备所需的焊枪比单丝焊接设备重，这对机器人的负载能力提出了更高的要求。其次，机器人的工作范围与工件、工件的排列方式和变位机选型有关。据此，工程师就可以为方案选择最佳的机器人。此外，还应考虑机器人的安装问题。优先选择地面安装，有时倒立安装更加合适。如果采用倒立安装，可能会影响机器人选型，因为不是所有的机器人都可以倒立安装。最后，工程师应确定焊接电源、送丝机、焊接服务中心的位置。

虽然焊接方案选择的灵活性很大，但是生产率和工件类型往往决定哪个是最佳方案。变位机选型可以按照经验决定，并对后面的设计产生影响。

5.2.2 机床上下料

机床上下料通常比弧焊简单，因为焊接配套的周边设备的选型较为复杂，比 [111] 如变位机的选型。机床上下料要考虑的首要问题是目标工件的重量和设计。我们的目标是使机床的产量最大化。因此，应尽量减少拆装时间。为了达到这个目的，机器人通常有双抓手，这样它们可以同时拆卸已完成的工件并安装待加工的工件，节省机器人退出机床、放置成品件和抓取待加工件的时间。因此，机器人的负载能力需要大于一个待加工件、一个成品件和双抓手的重量。预留工件拆卸的空间也是十分重要的。就工件重量来说，待加工件通常比成品件重，因为加工过程会去除工件上的材料，从而减少其重量。当机器人只拿着一个工件时，机器人的负载会偏离手腕中心。另外，抓手的尺寸也很重要，因为它决定工件中心偏离手腕中心的距离。如2.2节所述，机器人的负载能力与负载重量和负载重心相对于手腕安装法兰的位置等两个因素有关。有时候，由于在机床内抓取待加工件和成品件的操作不同，所以相应的抓取方式也不同。在这种情况下，即使一次只搬运一个工件，也可能需要使用双抓手。

一旦确定了负载能力，工程师必须考虑机器人的工作范围。工作范围与机器人进入机床的通道有关，一方面是指到达机床上的夹具或者床头箱的卡盘，另一方面是指用于上料的空间的位置和尺寸。这不仅会影响机器人的工作范围，而且会影响抓手的设计和抓持两个工件的能力。如果工件相对较大或者上料空间相对较小，那么机器人就不能采用双抓手的设计，在抓有两个工件的同时不能在机床内调整抓手的姿态。如果是这种情况，机器人就需要先移除加工好的工件，然后再安装待加工的工件。为了尽量减小这段运动对加工时间的影响，工程师可能会在机床旁边设计缓冲区域来暂时存放工件。另外，还需要考虑机床门的自动开关问题，因为自动开关门比手动开关更节约时间。因此，需要确认这方面的细节设计，这一点十分重要。 [112]

在选定机器人工作范围时，工程师还必须考虑在工作循环中机器人可能涉及的其他工位或者工况。工件可能会从托盘、传送带或者堆栈中传送过来。加工完成的工件可能放在相同的托盘上，也可能放在不同的托盘上，或者放在输出传送带上被传送出去。这些输入/输出工位上通常会设置缓冲区来减少人为干预。如果缓冲区足够大，系统就可以在无人工操作的自动运行状态下工作一段时间。甚至系统可以彻夜运行或者在周末全天运行。因此，就可以在无人员操作的情况下，提高系统的产能。此时影响系统成功实施的主要约束条件是系统的可靠性、工艺流程和缓冲区的大小。

同一个机器人可以对两个或两个以上的机床进行上下料操作，从一个机床取下工件并传送到下一台机床。这些工位以一定的逻辑顺序分组排列在机器人的周围，使机器人在相邻工位之间移动的时间最短。整体的上下料路径和尺寸也要有所考量，工程师据此决定机器人的工作范围。在某些情况下，特别是机床体积较大时，可能会将机器人安装在移动导轨上，以便满足工作范围的要求。

在某些情况下，机器人需要在循环时间内执行更多的操作，如去毛刺。为实现这样的操作，可以在旁边支架上安装一个刀具，机器人抓手夹持工件，将工件送到刀具前面执行去毛刺操作。还有一种情况，在将工件送到输出设备之前，机器人可能需要先把工件送到检测工位。如果机器人有足够的时间，那么机器人还可以在相对低成本的条件下完成额外的操作，从而提高系统的整体经济性。在机器人选型之前，工程师必须对以上问题有通盘考虑。

由于系统内部的限制或者被抓取工件的不同，方案设计还应考虑工具转换器。3.4 节介绍了自动更换抓手的装置。虽然转换工具需要一定的时间，但是从整体上显著提高了系统的柔性和适应性。若使用工具转换器，则需要为多种不同的抓手预留位置，预留的位置应该处在工作单元的恰当位置。

为达到要求的生产能力，上下料系统可能需要包括多个机器人。在这种情况下，需要设置交接站实现工件在机器人之间传递。如果需要两个甚至更多的机器人，比较好的方式可能是拆分系统。拆分后的系统可以简化成一个个子系统，但相对地也会增加成本和空间要求。最终目标就是以尽可能少的投资获得尽可能多的回报，即使机床达到最佳费效比。

方案设计时还应考虑维护通道和夹具转换的便利性。这两个功能都非常重要。维护通道可能是机器人上下料时使用的空间通道。所以，机器人单元设计时一定要充分考虑进出通道，特别是考虑质量较大的工件需要叉车或者吊车的情况。在某些情况下，当机器人同时操作多台机床时，安全防护系统需要预留人工通道，允许人工进入工作单元内进行维护，其他部分不会因此而停机。换句话说，就是需要保证操作人员对一台机床进行维护作业时，既要防止机器人进入维护区域，也要防止维护人员进入正在运行的区域中。

机床上下料的效率通常取决于尽可能快地装卸工件，确保机床总是在最高的效率运行。使用机器人就是为了保证这种速度。如果机器人的时间充足，那么在机器人周期内也可以加入其他的机床或操作。如果采用的工件具有合适的输入/输出缓冲区，那么机器人也可以在无人操作的条件下工作。这些可以在追加少量投资的条件下提高机床产出，甚至可以节约用于新增机床的将来投资。

5.2.3　码垛

码垛通常来讲就是将箱子从传送带上取下，然后将它们放到托盘上。大部分情况下，我们使用四轴码垛机器人。除了可能需要将箱子绕垂直轴旋转外，码垛机器人并不需要将箱子在其他方向来调整姿态，所以常见的码垛机器人都是四轴机器人。与大小相同的六轴机器人相比，四轴机器人的承载能力更大，价格也更便宜。上述两个原因导致码垛机器人没有第五个轴和第六个轴。

大多数情况下，码垛机器人的选型比较简单，因为它主要根据货物重量和工作范围来确定机器人的型号。虽然大多数码垛机器人都可以对标准托盘进行码垛，但托盘的大小还是会对机器人的选型产生一些影响。在确定工作范围时，工程师需要特别考虑满垛货物的高度，确保机器人可以对最上面一层进行操作。机器人的最大高度通常为 2 米，尽管在实际生产中满垛高度往往低于这个高度。 |114|

码垛机器人承载能力部分由单个操作对象（箱子、麻袋或其他形式等）的重量、拾取方式和每次拾取的数目等因素来决定。每次拾取的数目通常由要求的生产能力决定。为达到生产能力，机器人在每个工作循环内可能会抓取两三个甚至整层的货物。这就对抓手和输送系统的设计产生影响。最简单的解决办法是：箱子到达拾取工位后，通过平推装置实现准确定位，然后机器人抓起箱子，放到托盘上的指定位置。抓手通常采用气动装置，以便保证抓取动作的简单和快速。气动抓手还可以抓取其他类型的货物，比如抓袋子用的蛤壳式抓手（如图 3-7 所示），

如果在每个工作循环内，机器人需要抓取两个以上的货物，那么系统就会变得更加复杂。例如，机器人需要同时拾取两个货物，那么货物输入系统就需要将这两个货物放在彼此靠近的位置，抓手也需要能同时抓取这两个货物。通常两个货物会被同时放下，但有时也会一个一个地单独放下。更多的货物甚至整层码垛的情况也可以以此类推。如果一次抓取的货物数量越多，抓手的选择就越少，最终只能选择气动类型。有时候，由于货物本身属性的限制，所以码放一整层会更加可靠。然而，如果一次抓取多个货物，就对传送装置提出了更高的要求，要求输入的货物按照可靠的、相邻的形式排列。

设计货物输入系统时也应格外注意，特别是对一次输入多个货物的情况。在理论上，一台机器人同时对不同的货物和不同托盘进行码垛是可行的，但问题在于，机器人的工作范围可以覆盖多少个托盘。通常，一台机器人的周围最多放置 4 个托盘，但是如果将机器人安装在移动的导轨上，机器人就可以对更多的托盘进行操作。然而，这种设计会增加码垛时间。使用两台机器人与使用一台机器人加导轨的成本差不多。货物输入系统可以根据产品的标识（如条形码）区分同一条传送带上的不同种类的产品，确定机器人将该货物送到与之对应的托盘上。另一种方案是，一台机器人在不同的传送带上抓取货物，每一个传送带分别对应自己的码垛工位。 |115|

在不同的系统中，码垛工位的数量也是不同的。如上所述，一般的码垛机器人只能处理 4 个码垛工位，除非将机器人安装在移动的导轨上来扩大工作范围。

设计码垛工位数量时，主要注意以下两点。第一，托盘的种类。大多数码垛系统都是一个输入传送带对应一个托盘。通常，只有物流配送系统需要对应多种不同的托盘。第二，托盘堆满时更换托盘所需要的时间是一个非常重要的问题。如果某个传送带的货物都放在一个托盘上，那么就可以设计两个码垛位。在堆满一个托盘后，机器人可以自动转向第二个托盘继续码垛。操作人员可以在合适的时机取走满托盘，为机器人更换空托盘。这种简单方法也适合于对双线四垛形式的机器人码垛，机器人对应两条传送带，每条传送带对应一种货物，而每条传送带对应两个码垛位。如果操作人员可以在机器人对一个托盘进行操作时完成对另一个码垛位的托盘更换，那么码垛系统就可以连续运行而不会中断。

对于托盘更换频率高或者较少依赖操作员的系统，通常采取以下两种设计。第一，设计简易托盘库：操作人员一次放置 10 个托盘，机器人在需要时取走托盘并将它放在码垛位上。第二，采用自动托盘库。同样，由操作人员放置一定数目的空托盘到托盘库中，新托盘由传送带送到码垛位。第一种方法需要占用机器人的时间来操作空托盘，而第二种方法不需要机器人，因而也不会影响码垛节拍。这两种方法都要求将满的托盘从系统中移出。减少系统对人工依赖的方法就是利用传送带将满的托盘移出。采用传送带输送满托盘的方式，使系统出现了一个缓冲区，只要在下一个托盘满之前将该满托盘移出即可，整个码垛过程就不会有间歇。如果时间有冲突，可以将缓冲区扩大。也可以在码垛后，直接将满托盘送到自动热缩包装机。

层与层之间的隔板也应该考虑。通常，隔板都是纸板，由人工一次将许多隔板放到隔板库中。隔板库应在机器人的工作范围之内。机器人的抓手应可以将这些隔板从隔板库中取出，然后放在码好的货物上。

在码垛系统方案设计阶段还需要考虑的问题就是防护问题。如 3.8 节所述，要保证操作人员没有机会进入码垛单元的工作区域。通常在满托盘输出位置采用两层防护系统，满托盘输出到指定区域，操作人员将其取走，但是操作人员不能进入码垛单元的内部。

与其他应用相似，码垛系统设计的重要目标是满足要求的生产能力。抓手可能是一个富有挑战性的问题，取决于货物的类型和包装或输送的形态等因素。场地问题也需要考虑。由于托盘尺寸、输送线和安全区域等因素，码垛系统通常都需要相当大的场地。系统设计必须保证足够大的空间。

5.2.4　包装

包装依次分为销售包装和运输包装。首先是一次包装，比如肉类和面包产品就首先被装入塑料或聚苯乙烯制成的盘子中，然后再进行热缩包装。二次包装就是将很多这样的小塑料盘放入更大的塑料托盘或纸箱中，便于运输给消费者。其他产品，比如化妆品，就不需一次包装，因为产品本身就装在瓶子或罐子里。以巧克力自动化包装为例，首先需要进行一次包装，把它们放在小盒子里，接着再把这些小盒子放到运输用的大盒子里，形成运输包装。通常，在二次包装后，系统将这些货物送至码垛系统，把盘子或者箱子码放在托盘上。

制定包装系统方案的第一步是确定要求的生产能力、产品类型，以及如何将它输入到包装系统中。同时还需确定从自动化系统输出的包装的形式。

一次包装

产品通常由传送带输送且不规则地散布在传送带上，因为在上一道工序中不对产品的位置进行控制。然后机器人系统必须将这些产品从传送带上拾起并将它们送到一次包装系统。如果一次包装是小塑料托盘或者类似的容器，它们可能是从存储库中逐个送出，并被送到传送带上。通常传送带上装有隔条，用来推动小塑料托盘，并为之定位。托盘传送带通常与产品传送带平行放置。这种布局有助于缩短拾取位置与放置位置之间的距离，优化机器人来回的运行时间。 [117]

为从传送带上拾取货物，机器人末端都装有抓手。抓手的设计应与产品相适应。既不能破坏产品，又要求拾取和放置快速、可靠。抓手通常为气动装置，优点是拾取和放下速度都较快。但对于有些产品（如松饼）就不适合采用真空吸盘。这些特殊的产品用带弯针的抓手进行拾取。虽然会在产品上留下小孔，但不会被消费者发现。巧克力通常用专门的机械抓手来拾取，以免破坏巧克力的表面。不接触产品表面的真空方案也被人们开发出来，对易碎且不规则的物品（比如薄脆饼）也可以使用。简单的真空吸盘是最快速、最轻便的抓手，因此，它经常作为优选方案。工程师一定要记住拾取机器人通常可以达到很大的加速度，产品在拾取和放置的过程中必须不能掉落。

如前所述，产品通常不规则地散落在传送带上。在这种情况下，视觉系统确定产品的位置来引导机器人进行正确的拾取操作。视觉系统安装在输入传送带的入口位置。传送带跟踪技术使机器人可以跟踪在传送带上移动的产品。有时，小塑料托盘传送带也需要视觉追踪来保证其减速或停机时，机器人也可以知道小托盘的位置。小托盘传送带跟踪不总是必需的配置。

设计包装系统的第一步是根据要求的生产能力、产品重量、预期拾取速率等因素来确定机器人的类型和数量。通常采用三角型机器人，这种机器人可以获得很高的加速度，从而达到较大的拾取速率。但它们的承载能力有限，因此，抓手的设计也受到了限制。通常三角型机器人都是四轴机器人，不能改变产品的姿态，只能在抓取点和放置点之间绕垂直轴旋转产品。如果产品需要调整姿态，那么就应该选择六轴机器人。 [118]

有时候机器人一次只取放一个产品，但在另一些时候它可能需要一次拾取多个产品并把它们分组放入塑料托盘内。第二种方案是否可行取决于机器人的负载能力、抓手的重量和尺寸以及产品在托盘上摆放的形式。因此，工程师应权衡目标要求与所选机器人的性能。此外，机器人所处的环境因素也应该予以重视。如果是在有特殊要求的区域，比如食品行业，那么就会对卫生有较高的要求。不是所有的机器人都能满足这些要求，因此在选型时应格外注意。

选定机器人的数量和类型后，工程师应该开始考虑系统布局。如前所述，小托盘传送带通常与产品传送带平行设置，在产品传送带的上方通常安装视觉系统，一般设在机器人包装单元的入口位置。如果采用三角型机器人，那么通常将机器人安装在产品传送带的上方，以便机器人能够到达抓取区域和放置点。如果多个机器人采用线性布局，那么每一个机器人都对应于产品传送带的区域和小托盘传送带的相应区域。加工后的货物（产品和托盘）往往被送到流动包装机或热缩包装机。因此小托盘传送带通常与包装机有接口，并作为自动化系统的一部分。

二次包装

二次包装形式多样。如上所述，可以在产品一次包装的基础上进行二次包装，即将小的包装放入更大的包装内以方便运输。另外，也可以是对瓶子或者罐子等再进行包装以便适应运输的需要。在某些情况下，这些包装就直接成为消费者在货架购买商品时见到的货架包装。二次包装的形式有：密封箱、塑料盒或者带塑封的纸盒。

119 二次包装的输入经常但不总是比一次包装的输入更规则。第一，考虑生产能力、产品类型和目标包装类型。产品类型对抓手有十分显著的影响，使用真空装置可以获得较快的速度，然而必要时也会使用机械抓手。为在最少台数机器人的条件下达到更高的生产能力，通常在一个工作循环内抓取多个产品。把瓶、罐等产品放到纸盒或者纸托盘时，通常采用整层摆放的形式。这种整层摆放的方式更加可靠，因为这样就会减少码错的情况。第二，应考虑产品的摆放形式。比如，把小塑料托盘放入纸箱时，为最大化利用空间，可能会让某些产品颠倒放置。为了与产品放置要求相匹配，要求机器人在每个工作循环内拾取的产品数量可能会不同。

摆放要求决定了在拾取产品时必须对产品进行整理，这有助于对产品进行分组摆放。机械上，通常通过传送带来实现产品的输入和整理，因为这是一种快捷且高效的方法。如果需要，机器人可以调整产品的姿态，特别是绕垂直轴旋转产品。也可以在抓手上增加功能来修改产品的分组。最简单的就是调整产品之间的间距。比如，传送带运送的货物是间隔开的，抓手可以将它们收拢在一起，然后再放入包装系统。

明确每次夹持的产品数量后，就可以估计抓手的重量。知道了产品的重量后，就可以确定机器人的负载能力。根据摆放形式的要求就可以确定产品是否需要调整姿态。综合以上信息，工程师就可以对机器人进行选型。根据要求的生产能力和每个循环抓取的产品数量，就可以确定机器人的数量。通常，一台机器人对应于一个拾取工位和一个放置工位。如果需要多台机器人，那么也需要设计多个工位。

作为系统方案的一部分，工程师还需要设计包装的成型与进料。塑料盒包装通常需要存储库。重点考虑补充存储库的频率。如果使用纸板盒或纸板箱，就需要考虑它们的成型工艺。一般使用已成型的纸板盒或将制盒机集成在自动化系统中。这些成型机特别适合于高产量的情况，但对于小批量产品就显得成本较高。对于小批量的情况，我们经常为机器人配备专用的成型工具，使其可以从存储库中抓取纸板，制成纸板箱或纸板盒。使用机器人的方案可能很合适，特别是在柔性高的生产场合，机器人还可以在系统中完成其他任务。

层间隔板也应考虑在内。在包装系统中，纸质隔板经常用分配器来喂送。最常见的是将卷纸裁开，变成纸板。机器人需要具有相应的拾取和可靠放置隔板的能力。

盒子或箱子放满后通常会被堆起来。如果使用纸盒包装，那么接下来通常需要送入流动包装机或热缩包装机，因此纸盒和产品都会被送入热缩包装机。如果包装是箱子，那么通常使用胶带或胶水进行封箱或密封操作。以上这些操作都可以用标准化设备来完成。还有一种方案可供选用，在时间允许的情况下，上述操作还可以由带有必要设备或工具的机器人来完成。这种方案适用于柔性要求较高的生产环境。通常包装都会有贴标签要求，可以用自动贴签机或者机器人来完成。如果利用机器人完成纸箱成型、封口和贴签等操作，机器人还可以与码垛操作集成起来。哪一种方案更合适，主要取决于生产柔性和目标产量。关键问题在于提供一种平衡的解决方案，利用现有设备实现功能需求，并高效利用这些设备。

5.2.5　装配

装配可以分为以下两种形式：一是为产品增加新零件；二是使用某些连接方法，如胶水、螺钉或其他机械固定方式。设计装配系统时，首先应考虑操作的数量以及哪些需要实现自动化。要尽量避免对最复杂的操作进行自动化改造，因为这些操作的风险也是最大的。实现自动化的成本也是最高的，甚至会导致整个解决方案在经济上不可行。

因此，工程师必须将装配分解成一系列小操作或小任务，每一个小操作或小任务都可以按顺序实现。在总装配前，可能需要并行进行一系列子部件的装配工作。按照装配所需操作的数量，可将装配过程分类。如果数量较少，可以在简单的工作单元内完成。对复杂的装配任务，往往需要多个步骤和某种形式的工件输送（比如传送带或转台等），分阶段实施装配任务是比较恰当的。

基于上述理念，工程师就可以确定每个阶段需要的自动化设备。工件供给设备和紧固件供给设备也需要考虑。在制定方案的过程中，工程师需要估计各阶段所需的时间。估计时间时一定要考虑总体输出受制于耗时最长的步骤。如果时间过长，可能需要将某个操作再进行分解或者采用多工位并行操作，从而达到预期的循环时间。类似地，如果某些工位时间充裕，那么工程师可以为之增加新的操作，从而节约总成本。

各阶段设备的选择会影响操作方式。如果需要的设备数量很大，那么由于空间限制就不能选择转台。如果在工序中还有人工工位，那么最好将人工工位作为独立的工作单元，或者利用传送带实现工件在各工位之间的传送。

柔性对系统设计影响很大，特别是在夹具、抓手和工装夹具的数量和复杂性方面。在基于传送带的系统中，在台板上安装不同的夹具相对较为容易，每一个夹具专门对应于自动化系统处理的一种产品类型。这样的方案可以更好地适应未来产品的改型。柔性最高的方案由多个单独的工作单元组成，每个单元处理一个或多个装配阶段。这种设计要求较多的人工参与，也需要较多的设备实现工件在各个工作单元之间转移。因此，它们的效率也较低。

在每个单元或者装配阶段中，所需要的操作决定了所需要的设备。在典型的装配系统中，主要工件通常固定在夹具上，也可能是在传送带的台板上，还可能安装在固定工作台或转台上。围绕这个主要工件进行的操作，可能是添加新工件，也可能是添加一些紧固件，通常由机器人或者其他机械装置把新工件或者工具送到这个主要工件上。与这种方案不同的是装配的测试阶段，在该阶段中机器人将装配体装入测试夹具。

对于所有的机器人应用，工程师还应该考虑使用的设备、装配的工件以及实现操作的简便性和可靠性。最好的方法是，在操作时将工件从夹具上取下放到工具上或者放在临时的夹具上。例如，在装配过程中可能需要将工件转向。这时，应将转动功能设计到工位上，而不是每一个夹具都具备转动功能。将工件移动到新工位时，有时会用到多工位，特别是为达到生产能力而进行并行生产或产品变化需要不同的操作和夹具时。

5.2.6　其他应用

其他操作的方案设计与前述大体相近。

点焊与激光焊接

制定激光焊接方案的步骤与制定弧焊方案的步骤大体相同，其中激光焊接的安全问题需要予以特别重视。点焊过程与子装配体相类似，通常用机器人抓手来夹持工件，并将工件送到一个或多个焊钳或台座式点焊机处。由于工件的重量比焊钳的重量小，所以机器人的型号可以更小一些。因为由机器人夹持工件并直接从工装板上拾取、放回，所以简化了工件搬运。也可以由操作人员将工件放到夹具上，机器人抓持夹具，并将工件送到焊接设备处。焊接完成后，将夹具放回到上下料工位，允许操作人员取下成品件，安装待加工件。

喷涂和调配

调配方案总体上比较相似，关键在于移动工件还是移动工艺设备。而喷涂方 123
案则有很大的不同，主要因为此时机器人会暴露在涂料下，所以机器人必须是防爆的。通常的方案是采用机器人夹持喷涂设备对工件进行操作。工件可能放置在连续运动或者间歇运动的传送带上，或者有时候用简单的装置将工件送到喷涂室进行喷涂。简单地说，机器人的选型主要取决于待加工工件的尺寸。然而，喷涂是一个比较特殊的操作，需要专门的工艺知识来确保机器人工艺包、工艺设备等的选型的正确性。

材料去除

切割操作，比如水切割或者修边等，通常需要工程师考虑机器人的工作范围和工件的加工路径。设计水切割系统时，需要做好机器人的防护工作，如果机器人末端安装切割头，还需要考虑特定的水射流切割管线包。当工艺过程有外力作用时，比如铣削和去毛刺等，工程师进行机器人选型时还应考虑切削力。在材料去除应用中，应考虑机器人抓持工件还是工具。这取决于待加工件的重量、工件的喂送方式和工艺过程的操作路径等。如果工件重量较轻，可以选用小型机器人夹持工件；如果在工艺过程中工件需要调整姿态，也可以选用机器人夹持工件。在这种情况下，机器人可以完成工件的输入和输出，这有助于降低工作单元的成本。

对于简单的去毛刺操作，仅需要去除机械加工后留下的飞边毛刺，可使用柔性工具来确保工具施加给工件的接触力，从而达到去毛刺效果。在某些情况下，为确保施力正确，可以将力控制集成到机器人上。在机器人的手腕和抓手之间安装力控制设备，将工艺过程的作用力反馈给机器人。力控制可以保证去毛刺的效果和加工效率。

5.3 控制与安全

在第 3 章中，我们讨论控制与安全。安全方案与每个国家的立法和相关工业 124
要求有关。这些安全标准会定期改进，系统设计人员务必要知道和遵循相关法律。同样，每个公司也有自己的安全工作规范，特别是在自动化系统实施过程中存在的人机接口问题的时候。因此这里很难给出全面的指导意见。

安全的主要要求是，操作人员、维护人员以及任何在工厂内工作的人员都不能处于危险中。也就是说，除非在可控条件下，否则防护系统要阻止任何人员进入自动化工作区域。安全和防护系统还必须防止在自动化设备发生故障时给防护区域以外带来问题。比如，由于抓手失效造成的工件掉落，工件必须落在安全区域内。通常，可以在工作区域的外围设置防护栏来实现。防护栏高约 2 米，包括立柱和填充面板。填充板通常是金属板、金属网、聚苯乙烯纤维或聚碳酸酯制成的塑料板。金属板通常用于电弧焊的周围，防止电弧光灼伤人眼。金属网的应用最广。在其他情况下，用户更倾向于透明塑料板，因为塑料板外表干净，对单元内的自动化流程也一清二楚。

自动化系统一般设有两类通道。一类用于拆装工件；另一类用于维护和编程。在装载工件时，操作人员会与机器人系统发生交互，必须要为操作人员提供一个特定的装载区域，只有在恰当的时候才允许操作人员进入该区域，并且不允许操作人员穿过该区域进入系统内部。防护系统必须能够识别操作人员不恰当地进入防护区域。一旦防护系统给出信号，在该区域工作的自动化系统必须停机。例如，焊接单元通常有工件拆装的转台。可以使用光栅防护装置。当转台静止时，光栅才允许操作人员进行必要的操作。在操作人员离开工作单元，按下按钮，提示系统继续运行后，若光栅检测到任何物体进入防护区域内，它就会立即切断转台电源，并停止转台工作。相应地，机器人也会停止，但是如果在该区域工作的机器人还有其他防护系统，机器人也可以继续操作。

125 出于维护目的，在防护系统的不同位置设置通道门。通道门的数量取决于系统的尺寸和系统内的设备数量。安全系统可以检测这些门的开关状态。一旦通道门被打开，设备就会停止运行。防护门往往采用钥匙系统，当维修人员在防护区域内时，允许机器人和设备处在安全运行状态。有些设备需要定期维护或者加注燃料或原材料等，可以把它们设置在安全防护墙的旁边，并提供必要的通道。这样操作人员就可以在防护区域以外进行操作。

安全应该作为方案设计过程中的重要考虑因素，确保系统运行高效而且安全。系统的总体控制和所有元器件集成一般是通过可编程逻辑控制器（PLC）来实现的。PLC 与 HMI 相连，便于操作人员或维护人员对系统进行操作。HMI 在发生故障时特别重要，它可帮助维护人员快速实现故障定位。方案设计时应仔细考虑控制面板的位置、PLC 的安装以及 HMI 的位置和数量。

5.4　测试与仿真

作为方案设计的一部分，工程师需要对所提的解决方案进行测试，以便验证其是否满足预期的目标。可以做实际测试，也可以利用仿真手段模拟机器人的可达空间和循环时间。如果要进行测试，那么就要与真实情况尽可能一致。例如，对焊接系统进行测试，使用推荐的焊接设备对工件进行焊接来直接验证应用方案的可行性。如果系统还包括变位机，使用真实的变位机进行测试就显得不太可行了，我们就可以进行仿真测试。除非系统的相关产品已经存在，否则很难对夹具进行实际测试。因此，通常根据研发人员的经验进行恰当的测试，就能对最终结果起到很好的说明。一般来说，机器人应用（比如机器人焊接）的测试就是为了向终端用户证明方案的可行性。

许多应用的测试包括一些简单的试验。以水切割或修边为例，设计者需要通过试验来确定切割的速度。其他金属去除操作也需要通过类似的试验为循环时间提供依据。对于搬运操作，特别是非常规件的搬运操作，测试是为了证明夹具的 |126|
可靠性。如果待包装的食品之前没有被机器人搬运过，那么一次包装也需要做类似的试验。这类试验有利于夹具的研发。因此，在最终确定夹具方案之前，需要进行大量的反复试验。由于这样的试验可以避免重大错误的发生，所以做一些简单的试验是值得的。

工程师可以使用仿真进行测试验证，可以把仿真作为上述试验的补充或者替代方案。仿真试验可以在较低成本的条件下进行相对细致的研究。仿真主要有以下两种形式：一是机器人和相关设备的运动学仿真；二是离散事件仿真。离散事件仿真通常用于设备操作模型，包括检查生产率和资源需求的自动化。这两种仿真形式都有标准的软件包，系统供应商和最终用户可以利用这些软件包进行方案的研发和测试。

运动学仿真可用于机器人单元的建模。机器人可从模型库中导入，焊枪、变位机和抓手也可以从模型库中导入。工件的 3D CAD 模型也可以导入，还可以创建一些特殊设备。然后可以对机器人进行编程来执行任务，进行循环时间仿真，还可以检查机器人的工作范围以及工作单元内是否有碰撞发生。仿真还可以用来估计循环时间，还可以检查不同类型的机器人并比较不同的方案。最后，还可以添加防护等辅助设施来提供系统的完整 3D 模型。3D 模型可以直观展示系统的运行过程，这在向上级汇报申请项目时格外有用。仿真软件还可以直接输出机器人程序，节约项目的编程和调试时间。

离散事件仿真是一种黑盒测试技术，设施内的每一项操作都可以看作一个黑盒。仿真模型有输入、输出、循环时间、每个操作的效率、资源需求以及与其他操作的交互。离散事件仿真不是对单个机器人单元进行仿真。它建立了完整的设施模型，用于寻找技术瓶颈，确定改变操作或资源带来的影响，以及引入新设备 |127|
或停机时间对某些操作的影响。离散事件仿真通常用于确认备选方案、设备和相关资源。操作人员可以假设任何情况进行仿真,特别适合于方案设计阶段,尤其是大型复杂系统。

实验和仿真都有利于方案设计。特别是运动学仿真工具现在已经被自动化系统集成商广泛用于方案设计,因为仿真可以带来其他方法无法获得的信息,也可以减少项目中的风险。

5.5　方案细化

根据工艺需求、待加工工件和所需的生产率,工程师在完成初始方案后必须对其进行细化和改进,才能确定最佳解决方案。通常会对初始方案进行多次改进和反复迭代,以使最终自动化方案对当前的应用来说具有较高的可行性和较好的技术经济性。在最终确定方案前,应考虑以下几个要素。

第一,需要考虑系统的柔性。这不仅关系到当前的系统要求,更关系到系统未来的使用。在实际生产中往往可能需要改变生产率、批量大小以及产品型号,工程师可以设计出柔性很高的方案,特别是以机器人为主的方案。然而,这可能导致不必要的成本。如果前期系统设计柔性高,那么前期成本也会较高,但是后期成本将较低。如果前期使用更多专用设备,那么前期成本会较低,但是后期成本可能较高。所以重要的是在系统柔性和成本之间进行权衡。

第二,关于系统的柔性,还应该考虑产品之间的转换时间。例如,在焊接系统中夹具可能需要更换,或者在搬运系统中抓手需要更换。如果产品更换比较频繁,比如一个班次更换多次,那么应采取自动化方式,比如为抓手设计自动工具转换器,或者使用提供快速夹具更换的设备。如果产品批量较大且产品更换不频繁,那么也可以考虑采用人工方式。自动化更换方式成本相对较高,人工虽成本较低,但时间较长。

第三,机器人的数量及其利用率。一般而言,应确保系统中每一台机器人都得到充分的利用。但是有时候,在多机器人系统中,可能有一台机器人执行某一项特定的任务,其余时间比较空闲。在假定不大幅增加系统复杂度或者降低系统指标的情况下,就需要为这台相对空闲的机器人安排更多的工作。在某些情况下,因为使用了标准设备,虽然某些机器人没有被完全使用,但是由此带来了柔性并减少了风险,所以总体上来看这也是较好的方案。当多机器人系统执行相同或相似任务时,一定要在机器人之间平衡任务量。

第四,系统的输入/输出形式。如果需要人工输入/输出,那么一定要格外注意自动化系统的人机交互的安全性以及所搬运工件的尺寸和重量。例如,汽车排气装置的焊接,由于每个焊接元件较小,所以拼装时可以人工安装;但在

128

拆卸时，焊接好的汽车排气装置太重且尺寸较大，这就需要用机器人来夹持成品件并将它们放置到传送带上。如果一定要人工对笨重的工件进行拆装，那么就要为相应的起重装置预留通道。如果是大批量工件输入，那么需要设计配套的存储库等设施。虽然自动化循环时间能够达到预期的系统产出，但是也应注意人工拆卸时间是否过长，确保它们没有影响生产能力。如果系统需要填充存储库，或在不同位置安装喂料设备，那么应预留人工通道，避免在填充存储库时中断机械运行。

第五，计划性维护或非计划性维护导致的停机时间。自动化过程的各个阶段的预期可靠性需要进行评估，以便找到风险最大的步骤。如果某个特定的设备需要经常进行维护，那么就要为解决该问题预留通道。应设置专门的快速、安全维修通道。否则，停机时间就会延长。例如，为点焊钳更换电极设置专门的维修通道，这样就可以在单元外进行维修，从而缩短了停机时间。

第六，工厂内自动化设备的空间。各种各样的操作人员通道、工件输入/输出通道、维护通道等都会对整体系统的设计产生重大影响。设计时不仅要考虑占地面积，还需要考虑高度空间、立柱或其他不可移动设备的位置。有时系统布局和构型还会受到系统外部因素的影响。因此在方案设计阶段，工程师需要尽早仔细考虑这些问题。 129

第七，应该考虑系统的整体效率与系统内单元的效率。基于这些效率因素，一般需要回答以下几个问题：在当前的效率下是否能达到目标生产能力？如果不能，应采取什么措施？如果某个操作的效率低于系统中其他设备的效率，那么它会降低系统产量吗？如果是，该操作的工位数能否翻倍，是否需要设置一定的缓冲区来确保该操作故障停机时不会影响整个系统的效率？有时候，为达到预期的生产能力，工程师在评估以上问题后会引入其他的设备或机器人。如果基本上快达到额定的产量，我们还有一种方案，它不需要额外增加设备。这就是在输入和输出工位设置缓冲区，在发生停机后，系统能够快速恢复产量，特别是在生产指标和需求相差太大的情况下。

第八，系统成本，这也是最重要的问题。方案设计阶段就需要考虑如何节省成本，因为如果系统不能达到预期的投资回报，系统方案就不会继续执行了（详见第7章）。如前所述，系统的柔性会对系统成本造成很大影响。同样，还有系统的自动化程度，有时候技术上具备可行性但成本过于高昂，因此保留人工操作。很多时候，最优方案是显而易见的，可选择的余地很小。然而，对于比较复杂的系统，备选方案可以有很多。某个方案的成本可能高于其他方案。如果某个方案的成本过高，那么值得继续研究，寻找成本更合理的方案。例如，在弧焊系统的成本中，工程师会发现成本主要在周边设备上，即是否可以适应输入工件的变化。可以修改自动化之前的操作，减少输入工件的变化，从而减少自动化设备的成本。在包装或者机床上下料系统中，为了解决输入机器人系统工件的位置变化问题，可能会增加成本。改进现有设备或者调整手工操作不会增加太多成本，这也可能是解决成本问题的好办法。

自动化方案设计是一个反复迭代、不断改进的过程。为保证最优方案的选择和所有潜在因素都得以考虑，需要广泛听取意见和建议。该方法还可以解决自动化系统以外的问题，比如系统布局和工件输入/输出等。有时需要跳到系统约束之外来考虑问题，以便从其他地方借用简单成熟的解决方案。总之，工程师应秉持简化设计的原则。简单的设计往往意味着最低的成本、最高的可靠性和最简单的操作性。

130
~
132

| 第 6 章 |

Implementation of Robot Systems: An Introduction to Robotics, Automation, and Successful Systems Integration in Manufacturing

说明书的准备

摘要

本章描述说明书如何表达客户的需求，同时为比较不同供应商的解决方案提供共同基准。我们讨论了说明书所包括的主要内容，包括自动化解决方案的需求（例如，作业对象和生产率）以及客户对项目实施的需求（例如，项目管理预期和项目时间节点）。还讨论了验收标准这一关键问题，以及在项目中应该实施的测试阶段。

关键词：用户需求说明书、工厂验收测试、现场验收测试、一站式方案、验收、黄金工件

说明书有两个目的。第一，向潜在的供应商表达自动化解决方案的需求。换句话说，它展示了有关生产率、作业对象和适用的标准等方面的信息。第二，定义项目如何操作，包括时间进度、需要报告的事项等，其中最重要的是测试，通过测试才能确定系统是否满足用户的需求。因此，说明书通常指用户需求说明书（URS）。

大部分自动化系统是外购的，没有详细的说明书。许多用户依靠与潜在的供应商进行口头交流来表达他们的需求。然后，供应商提供报价单响应客户的这些需求，但是报价单总是以供应商的口吻来表述的，某些需求可能被供应商错误解释，甚至被完全遗漏。这会导致两个问题。

第一，用户很难比较不同供应商所提出的报价单。虽然这些报价单名义上指的是同一个目标，但是报价单背后的内容往往差别很大。第二，只有当系统达不到用户需求或者在执行项目过程中发现问题时，才会发现缺少真实的说明书。虽然我们总是希望项目按预期执行，并且总是能够达到客户的预期，但是如果供应商不使用定义清晰的说明书，那么项目成功实施的可能性较小。如果没有说明书，某些事情就很可能搞错。很多情况下，这是用户的过错，"如果你没有告诉他们你想要的，那么就不要在你看到项目结果不满意时感到惊讶。"制定详细的说明书可能很花费时间，但是从供应商选择和项目实施两方面来看都是值得的。表达用户信息的方法很多，详细程度也千差万别。自动化系统的规模和范围也会影响说明书的篇幅。但是，总有一些特定的内容必须包括在说明书里。下面将讨论这些内容。

6.1　说明书的功能要素

如上所述，说明书的第一目的就是向可能的供应商表达自动化项目的需求。为了实现这一目的，有些关键问题必须注意。

134

6.1.1　概述

第一步是列出一份现行操作和工艺流程的大纲，目的是阐明自动化项目的内容。这份大纲应该包括作业对象、所需完成的操作以及必要的人工输入。任何关于现行操作的关键问题都应该被高度注意，特别是自动化系统打算给这些关键问题提供解决方案时。

6.1.2　自动化方案

基于上述概述，说明书解释自动化系统的目的。这部分介绍自动化需要实现的特定需求，尽管这些特定需求将会在后面做更详细的说明。在这个阶段，说明书应该强调自动化系统中的关键步骤，包括工件输入和怎样与现存操作集成在一起。任何与构想和解决方法有关的原始想法都应该列出来，以便给潜在的供应商提供指导。尽管客户还没有形成最终的解决方案并且也愿意接受其他可供选择的方法，但说明书还是应当提供一些指导，因为这会帮助供应商理解客户的目的以及他们正在考虑的自动化项目的水平。提供这些信息也会帮助供应商判断这个项目是否适合他们的专长。提供清晰明确的指导将会减少供应商花费在制定项目建议书上的时间，也会减少客户所要求的时间，以便为供应商提供理解用户需求所需的帮助，减少花费在评估供应商项目建议书上的时间。

6.1.3　需求

说明书的需求部分是非常关键的，因为这部分定义自动化系统的主要参数和操作要求。首先，提供产品的细节。这些细节应该包括每种工件的尺寸、重量、图纸以及装配等。说明书应对尺寸公差进行规定，也需要对相关输入工件的公差做出规定。这些公差应该是自动化系统需要处理的实际公差而不是图纸上的一些细节。所以，这部分是主要挑战。然而，这是通往项目成功的关键点。假如系统被设计成能够适应一定范围的公差，但是，实际上工件超过了该公差范围，那么系统将不会成功运行。

135

输出要求也需要详细规定。特别地，文档应该强调工件是否以一种特定的输出方式输出（比如按照一定的垛型码放在托盘上）。与后续操作有关的输出接口也需要说明，特别是在这个阶段需要人工参与时。

必须定义系统要求的生产能力、循环时间以及系统的可用性。系统要求的可用性就是系统预期达到的可操作的以及可工作的时间百分比。要求的实际生产量与生产能力和可用性有关。希望系统在循环时间内以100%的系统可用性达到要求的生产量是不明智的。因为100%的系统可用性不允许任何停机时间，比如维护、材料补给、缺少操作人员或者其他可能影响系统可用性的因素。

假如系统需要处理多种产品或者多种产品尺寸，那么就需要考虑批量大小。另外，说明书还应包括产品转换的需求，产品转换可以是自动的也可以是人工的。产品检验用来确保生产出正确的产品。产品检验应包括在需求中。另外，还应包括当原材料用尽时，必须允许系统清空产品。文档也应该详述是否需要人工干预，以及怎样实现人工干预。

客户应该明确控制要求，特别是人机界面的要求。这并不是列出设备的详细情况，而是系统预期应该达到的功能要求。控制要求还要包含可供操作人员使用的功能，如开始、停止、进入系统等功能要求。客户应明确在工艺过程中需要记录的错误类型以及怎样记录错误（例如，故障周期以及所需要的故障诊断水平）。如果可能，还应对故障修复有明确的总体要求。而且，说明书应包含每小时的工件数、停机时间以及停机原因等的生产管理信息的要求。假如这些要求将用于外部系统，那么需要明确定义这些要求。明确显示器的类型和数量，可以给供应商提供有效的指导。

最后，文档应该包含有关防护、安全和环境问题等方面的要求。例如，说明书不仅应该强调防护装置如何构建，包括实体面板，焊接网或塑料板等，还应该包含操作人员的防护装置，例如卷帘门或者光防护等。假如有排灰和排烟方面的要求，那么也应该考虑这方面的要求。

136

6.2 供货范围

供货范围十分重要。说明书中先前包含的要素基本明确了自动化解决方案的要求，本节将仔细论述对供应商的具体要求。例如，供货说明书的范围可以包含设计、制造、装配、测试、运输、安装、调试，以及所有的培训和运行保障。确定验收标准也是十分重要的。上述问题都将包括在一站式解决方案中，但是也是可以商量的，所以最好明确客户的期望。本节将明确定义在项目的各个阶段中客户的期望。

6.2.1　需方提供

如果某些设备是由客户提供，那么该设备应详细说清楚，包括设备的说明书以及供货商详细信息。需方提供的设备可能是现有的机器或者客户打算购买并作为项目的一部分的新机器。如果这些需方提供的设备打算集成到自动化系统中，那么客户应该定义这些机器的说明书以及它们怎样与自动化系统交互。接口信息包含通信接口和机械接口，例如卸载和重新装载的通道。在项目中，如果这些设备需要运输到供应商处，那么可用性和时间表应该详细说明，而且运输和设备返还也应该包含在内。假如在项目测试阶段需要提供某些工件，应该详细给出这些工件的可用性、类型和提供的时间。

6.2.2　安全

明确安全需求是十分重要的，特别是应该包括客户对于安全的任何特殊需求。假如供应商的供货范围没有包含某些特殊需求，例如烟雾回收装置，那么说明书就应该明确规定供应商提供设备与客户自己提供的设备之间的接口。

137

6.2.3　周边配套服务

供应商需要知道提供给自动化系统的周边配套服务，特别是电力和环境，包括接线盒的位置和数量。更重要的是，明确谁该为这些周边配套服务的质量负责。

6.2.4　项目管理

说明书应该明确规定客户关于项目管理方面的预期。例如，文档中应呈现时间表并包含供应商项目经理的名字和联系方式。文档还应包括项目启动会在合同签订后多长时间举行、启动会的目的、后续会议的时间和地点、项目报告的频率和要求以及进度计划的更新。明确要求项目经理在启动会上提供项目团队和主要分包商的详细信息，并且在会议之后的较短时间内确定项目的进度计划。一旦工作开始，项目经常会发生变动，所以非常有必要确定客户和供应商将怎样处理这些变动。在处理这些变动中，应包含客户方的权限，以及记录、报告相关变动的需求，确保没有因变动而引起成本变化等方面的分歧。

6.2.5　设计

在这部分，说明书阐述用来形成设计的方法，包括 CAD 工具。这部分应考虑到在合适的情况下客户会在生产制造之前评审设计。在制造和软件开发开始前，作为项目的第一步，制定功能设计说明书（FDS）并获得用户评审和许可是十分有益的。这步中应包括故障模式影响分析，以便明确项目中的风险、减少风险的潜在方法以及提供这些方法的责任等。FDS 需要提供诸多详细信息，比如，提供的对象是什么、该设备的预期性能指标和设备应该怎样操作。说明书应该解释FDS 中关于安全方面的需求，特别是涉及客户方的员工安全时。

138

6.2.6　制造和装配

客户不仅会对供货范围中的产品制造（包括软件）有一些特定的标准（例如公司标准），而且会对设备或者设备的制造有一些特定的标准。这些标准必须在说明书或设计阶段提供。客户可能还希望在提前通知供应商的前提下查看生产制造和装配，从而能够查看进度，并且客户应在说明书中对该要求予以明确。

6.2.7　出厂测试

在把系统发给客户之前，供应商通常进行一系列测试来确保系统满足客户需求。这些测试称作工厂验收测试（FAT）。这些测试的复杂度和完整性与将要交付的自动化系统和供应商提供的供货范围直接相关。这些测试应该能够判定供应商是否满足客户在说明书中详细阐明的评判标准。因此，这些测试不仅应该包含对系统整体和各构件的概括，还应该包含系统整体操作和功能。

系统性能也应该进行测试。这些测试包括从简单的焊弧实验（由客户负责夹具和编程）到长时间运行系统来验证系统功能、循环时间和可靠性的大型试验。在后一种情况中，客户应该为供应商开发和测试该系统准备产品。客户应该明确规定由谁进行测试和测试周期，或者需要生产的工件数量，从而确定测试规模。如果项目中涉及需方提供的设备，那么这些设备对系统性能的影响也必须予以重视。在工厂验收测试中系统故障导致的任何结果都应明确规定，尤其是工厂验收测试要怎样进行。说明书应明确定义进行的实际测试，特别是涉及循环时间、可靠性或质量等性能的评定方法。6.3 节将对这些方法做进一步的论述。

139

定义工厂验收测试并非易事。重要的是，运用合适的时间表和细节来进行测试，从而得出系统按照说明书运行的合理预测。然而，测试环境并不是真实的生产情况，所以，测试不应该太过于繁重以至于实际难以完成。

6.2.8　运输

如果存在与运输相关的具体问题，应在说明书中予以明确。这通常涉及规定的通知期、抵达时间、设备的卸货和放置、大件设备运输的顺序、退还工件的责任、需方提供的设备以及包装材料去除等方面的要求。

6.2.9　安装和调试

有必要明确要求供应商必须实施现场考察来确定系统的位置，检查通道及相邻设备。还有必要检查地面是否符合安装条件和强度方面的要求。假如客户没有明确提出由供应商实施这方面的要求，那么供应商将假定这部分工作由客户自己完成。

说明书应该要求供应商提供一份布局图，以便确定系统内设备的位置和水电气接口的位置。核对是否与已有设施冲突。客户应该提供现有设施的细节，以便要求供应商核对或者客户基于供应商提供的信息自己核对。特别是在前一种情况下，有必要在说明书中明确使用何种核对方法。

说明书应该提供在项目的某个阶段的安装计划。安装计划应该确定参与的人员数量、计划工作的时间、需要客户提供的帮助和某些影响现有生产的特殊要求。如果对进入现场有限制，安装计划也应该对这些进行说明。说明书还应明确指出，供应商应确保在有关地点操作时所有人员（包括转包人员）应该遵守的场地规则、健康和安全规则以及操作人员培训。供应商也应该提供必要的安全设备以及个人防护设备。

140

6.2.10　最终测试和验收

一旦调试阶段完成，通常会进行最终测试。最终测试一般用于客户验收，当最终测试顺利完成后，供应商就可以将系统交给客户。这种测试一般称作现场验收测试（SAT），现场验收测试一般采用与 6.2.7 节讨论的工厂验收测试（FAT）相似的流程。但是，SAT 通常比 FAT 更详细，将涉及更长的测试周期以及更多的测试产品，因为在这个阶段，生产环境中的所有操作都可以实现。

说明书应该列出测试的参数，包括测试的类型及时间。SAT 通常包含 3 个步骤。第一步，检查设备和文档，确保它们与最初的用户需求说明书一致，与项目的变更一致；第二步，在给定的时间内操作系统，确定循环时间、产量以及输出产品的质量等。最终测试可能会延期，以便确定系统的可用性。

作为测试定义的一部分，说明书应该明确规定操作系统的人员。人员可以是客户自己，也可以是供应商的人员，特别是在系统可用性测试期间，因为供应商的人员对系统理解得更深入，并且能够更有效地改正错误。为了避免歧义，定义如何进行测试和如何记录测试结果，是十分重要的。更多细节将在 6.3 节中讨论。141如果测试失败，下一步该采取什么措施，也需要在说明书中明确说明。例如，客户可能希望供应商纠正错误后重新开始所有的 SAT，或者重新开始 SAT 中的相关部分。

这些测试是说明书中最重要的部分。当供应商打算提供一站式解决方案时，它们尤其重要，也就是供应商将对整个系统负责。因为 FAT 可以避免在客户处纠正错误（这是客户和供应商都高兴的事情），所以 FAT 很重要。然而，SAT 更重要，因为 SAT 决定系统的最终验收。没有 SAT 的明确定义，将不会有清晰的验收标准，因此当系统没有按照预期运行时，也无法确定供应商应负的责任。所以，客户应仔细考虑说明书中的测试环节，确保定义的测试和方法能够对实际生产操作中的系统提供客观的评价。

6.2.11　守护人员

客户可以要求供应商在系统投产之后将一名或者多名工程师留在现场一段时间。这也许局限于 SAT 阶段，或者会超过这段时期，以便出现问题时给客户方工程师提供帮助。对守护人员的要求一般取决于系统的复杂度和客户方工程师的经验。如果需要现场守护人员，那么在用户需求说明书（URS）中应该明确提出，包括守护人员的时间以及轮班的数量。

6.2.12　培训

对自动化系统而言，培训是很重要的方面。系统总是需要培训的，除非这个系统是复制先前安装的系统。培训包括许多不同的要求。第一，客户自己可能需要在供应商那里参加机器人培训课程；第二，客户需要对实际系统的培训，涉及操作和维护（包括预防性维护、故障查找以及故障修复）。后面的需求一般包含在试运行、SAT 和守护人员阶段。有必要对包括操作人员和维护人员在内的大量人员（不同班次）提供培训。假如可能，客户应该明确参加每种培训的人员数量。举办适当的培训是很重要的，所以客户最低应该要求供应商确定在何时何地举办培训。

6.2.13　文档

客户应该明确规定他们希望收到哪些文档，包括他们期望的格式以及副本的数量。文档应包含操作和维护手册，该手册中应该覆盖安全使用系统的指令、错误代码、故障修复的步骤、推荐的预防性维护以及有关推荐的备用件和耗材的细节。第二个文档包可能需要包含更多关于已经完工系统的细节，如电气图、软件清单、系统证书和功能设计说明书等内容。重要的是，应该明确规定希望哪些文档随系统一起交付给客户。

142

6.2.14 保修

客户应该确定他们希望的系统保修期，特别是当客户希望系统的保修期超过 12 个月时。从什么时间开始算保修期也需要明确，可以从 SAT 结束时开始，而不应该从发货期开始。说明书应规定保修期内和超出保修期的收费标准，包括年度预防性维护以及故障急修服务。客户可以要求供应商在建议书中包含这些项目，或者作为整体报价项或者作为收费项。

6.2.15 其他条款

用户需求说明书应确定客户的主要联系人，包括具体的联系方式。这可能涉及许多人员，包括工程人员和采购人员。如果包括多名人员，那么责任就应该明确划分，以便供应商可以找到适当的联系人。在适当的情况下，还应该明确优先选择的设备供应商。相关的标准也应该明确规定，任何客户的特殊标准也要发送给供应商。如果已经知晓计划的生产起始时间，且在别处没有包含该信息，那么项目的预期时间也应包括在说明书中。

6.3 验收标准

说明书应明确规定需要进行的测试，尤其是包括循环时间、可靠性以及产品质量在内的性能度量。应该明确定义测试进行的时间以及所需要进行的测量。为了避免因误解和歧义而造成验收环节上的困难，用户需求说明书中应包含把这些相关测量值与性能参数对应起来的计算过程。

例如，系统是一班制（8 小时）工作，工作时间内系统应该 100% 运行。可以通过判断生产质量和识别次品来检验产量。检验时，将产品与预先规定的质量标准相比较，这可能涉及尺寸检验，或者如果要求视觉质量检验，那么就需要确定一个标准质量的工件。通常情况下，这个标准工件称作"黄金工件"。也需要记录停机时间和停机原因。结果通常按照以下方式进行：

- TO = 总产量
- QR = 次品数
- TT = 总时间
- DV = 由供应商提供的设备而导致的停机时间
- DO = 不是由供应商提供的设备而导致的停机时间

质量合格的产品的生产率应按下式计算：

$$生产率 = (TO - QR)/TT$$

系统的可用性也可以计算出来：

$$可用率\% = 100 \times ((TT - DO) - DV)/(TT - DO)$$

上述计算仅仅作为简单示例。在计算和评估中，也可能需要包含其他要素。也可能需要确定其他验收标准来正确评估系统的性能。验收时系统工作时间的长度与系统的工作类型和生产率有关。系统的测试应该是合理的，包括系统生产能力和可靠性。

6.4 附信

用户需求说明书可能带有附信，附信包括没有在说明书中体现的条款。附信应该包含项目建议书的时间、访问客户的安排、供应商展示宣讲的需求以及期望的下单时间。附信中还应包含报价单的最后接收时间。除此之外，附信还应列出客户希望得到供应商什么样的反应，或者客户希望在建议书中看见什么。附信一般包括以下内容：

- 时间计划（从下单到全面生产），包括重要的节点。
- 系统设计的大纲，包括草图和主要尺寸。
- 主要设备的细节。
- 操作方式的描述，例如启动、生产、维护和维修。
- 系统生产能力和可用性。
- 系统的局限性。
- 转包商以及他们提供的设备和服务的细节。
- 特定的地面以及地基需求。
- 水电气液等周边配套服务要求（包括在总体布局图中的位置）。
- 价格。
- 客户验收的条款和条件，应该包含在文档包中。
- 其他条款。

如果在用户需求说明书中没有明确说明预期的运输日期或生产开始日期等，那么就应在附信中说明。如果在其他地方没有说明项目的付款方式，那么应该在附信中指出。另外，附信可以要求供应商提供与本项目有关的参考现场。

6.5 小结

用户需求说明书是十分重要的文档，因为它定义客户希望购买的物品。它的目的是向供应商提供所需的所有信息，以便形成一份符合客户需求的建议书。所以，用户需求说明书提供了一份用来评价不同供应商技术方案的标准，而且它确保所有供应商都遵循相同的要求提供报价单。

用户需求说明书不仅有利于客户，而且也为供应商提供了帮助，因为它给项目需求提供清晰的描述。越有经验的供应商越欢迎这种文档，因为它给之后的报价单提供良好的基础，因此，避免了某些供应商基于供货范围的主观臆测，开出较低的价格而赢得项目，实际与其他供应商的内容并不相同（详见第 8 章）。

用户需求说明书也会在后来可能发生的纠纷中保护客户的利益。关于验收标准的清晰定义是用户需求说明书中的重要元素，因为它确保用于系统验收测试的参数是可以测量的。假如这些都在报价前明确定义，供应商就会明白什么是必需的，供应商就会做出合适的预算来完成这些工作。

基于上述原因，客户应该对所有项目都制作一份用户需求说明书。对于制作用户需求说明书缺少经验或者对机器人和自动化系统的应用缺少经验的客户来说，这可能比较困难。附录提供了典型的用户需求说明书和附信的范例。如果第一次接触机器人应用，那么客户会通过引进外部资源来形成用户需求说明书，这对用户是有好处的。尽管获取外部资源会有所花费，但是与减少风险和相关财务后果相比，还是值得的。

145
~
146

Implementation of Robot Systems: An Introduction to Robotics, Automation, and Successful Systems Integration in Manufacturing

经济性评价

摘要

本章讨论了自动化解决方案的经济性评价。概述了机器人的 10 大好处和由此可能带来的成本节省，以及如何用财务术语来表示这些节省的例子。讨论了进行经济性评价的方法，包括节省成本和可能被遗漏的其他项目成本。强调了为项目提供恰当预算的重要性。

关键词：回报，预算，评价，劳动力周转，废料，返工，投资回报（ROI）。

大多数项目都要求做经济性评价，在预算一定的情况下确定采购哪个项目。经济性评价通常比较现有的手工劳动来执行该操作/工艺的成本与实现自动化后的成本节省。然后，这些节省与自动化解决方案的预期成本进行比较，从而确定投资开始产生正投资收益率的阶段，通常叫作投资回报（ROI）。

大多数公司将采用标准周期或者投资回报期，在这段时间内，投资被认为是值得的。如果项目成本在投资回报期内收回，那么这个项目被认为是经济上可行的。这是项目实施前必须考虑的关键问题。管理高层（包括财务人员）通常必须参与项目是否可行的决策。因此，用这些人能理解的术语和语言来描述自动化项目所带来的收益是十分必要的。经济性评价需要使用经济术语，并采用能被管理高层理解和接受的标准来表述。制订经济性评价对项目工程师来说可能是一个挑战，因为他们缺少用适当的方法来描述项目收益的相关知识和训练。然而，制订经济性评价的过程是符合逻辑的，而且使用适当的术语来描述这个项目并不十分困难。

主要的挑战是确定可能的成本节省。这些成本节省并不明显，特别是具有代表性的劳动力成本节省。仅仅依靠劳动力节省很难实现目标投资回报期。这一点在某些国家（例如，英国和美国）尤其明显，这些国家的投资回报期相对较短（例如，12 或者 18 个月）。通过仔细研究，找到其他的成本节省项是可能的；通过缩短回报期，也可以提高项目的可行性。本章讲述经济性评价的流程，给出一些不是很明显的成本节省的例子，并解释它们是如何得出的。

值得注意的是，在某些情况下，自动化方案的使用不与其他的制造方式比较。这些情况一般发生在已全面使用机器人的公司，例如，汽车或者汽车零部件行业。在这些情况下，项目经常使用机器人，问题是需要使用多少台机器人或者怎样设计系统。通常不需要对购买机器人进行经济性评价，因为这是行业的普遍做法。然而，当考虑新的自动化工艺时，则需要考虑经济性评价。在这种情况下，应该对其他自动化解决方案的成本和新的解决方案的预计成本进行比较。一般都需要遵循下面各节讨论的方法。

7.1 机器人的好处

使用机器人所获得的 10 大好处（IFR，2005）已在第 2 章中论述过了。这 10 大好处是：

1. 减少操作成本。
2. 提高产品质量和一致性。
3. 提高员工的工作质量。
4. 提高生产量。
5. 提高产品制造的柔性。
6. 减少原料浪费并增产。
7. 遵守安全原则，提高工作场所的卫生和安全程度。
8. 减少劳动力流动和招聘工人的困难。
9. 减少资金成本。
10. 为高价值的制造业节省空间。

每一个好处都将在下面各节进行讨论，说明它们怎样为项目的经济性做出贡献。需要强调的是，这些是潜在的效益，并不适用所有情况。

7.1.1 减少操作成本

通过引进机器人自动化可以减少许多操作成本。最明显的是人工成本的降低，以前由于人工操作而产生大量的人工成本。与人工成本相关的间接成本也源于此，即雇用员工的成本。这部分成本包含一部分的人力资源、工资、监管、培训、卫生和安全等方面的成本，以及食堂、个人防护设备等方面的成本。如果用机器人代替的人的数量很少，那么这部分成本还不是很多。此外，如果在操作中将人工调配到其他地方，那么成本将不会有实际的减少。然而，如果没有采用自动化，那么即使劳动力在不同的地方来回调配，也会增加总人数。如果引进自动化，那么还是会节约一笔开支的，而且与之有关的成本减少应作为经济性评价的一部分。

采用机器人自动化也可以减少能源消耗。机器人的一致性以及废料和返工量的减少可以优化单位产量所需要的能耗。此外，人工劳动需要空调系统和照明条件，而机器人不需要。所以，假如工厂的某个区域能够全面自动化，那么将会减少维持工作环境所需的能量输入。

7.1.2 提高产品质量和一致性

机器人自动化的一致性可以减少产品缺陷并提供稳定的生产率。变动因素的减少所带来的成本节省是可以测量的。已知的生产能力可以减少超时工作并减少用来处理可变生产量的管理成本。缺陷的减少将会降低边角料以及返工。返工所需的人工、工具和设备的成本将会减少。边角料的减少不仅可以节省成本（在生产质量一定的情况下，减少了生产时间），而且还可以降低处理边角料的成本。

7.1.3 提高员工的工作质量

提高工作质量可以提高员工的积极性，进而提高生产率以及产品质量。新生产设备的引进可以提高员工的自信心，因为这展现了公司对生产设备有信心以及愿意投资新的设备。自动化投资可以提供新的工作机会，例如维护和编程的工作机会，反过来，这又会对员工的态度产生积极影响。总而言之，这些积极的影响可以提高员工的积极性，但这些却很难被量化，也很难体现机器人带来的经济性。

采用机器人自动化也可以减少人工周转率，因为令人不愉快的工作往往会有很高的人工周转率。这就减少了雇佣新员工的成本（详见7.1.8节）以及培训和使用新员工的人力资源成本。

150

7.1.4 提高生产量

如上文所述，机器人的一致性确保稳定且可能增长的生产量。这也提高了其他机器的产量，从而能够更加有效地利用资源。当机器运转时无人看管是可能的，也就是说，机器在操作人员下班后仍然能够继续生产，或者，机器能够设置为整个晚上和周末加班工作。

采用这种方法而引起的产量增加是可以计算的。在某些情况下，这意味着将不再需要购买额外的设备，因此，将节约巨大的成本，不仅包括资本和运行成本，还包括空间和能源。

7.1.5 提高产品制造的柔性

机器人的柔性能够减少加工不同产品的转换时间，这就减少了停机时间，从而带来了成本收益。转换时间的减少允许小批量生产，从而减少了存储和在制品的成本。

7.1.6　减少原料浪费并增产

正如在 7.1.2 节中讨论的那样，减少缺陷会节约在处理缺陷方面的成本。这也会减少输入系统原料的成本，因为更有效地利用了原材料。这减少了在自动化操作之前的所有工艺过程的在制品，包括与操作和处理原料有关的活动，其中，与处理原料有关的活动包括存储和采购等。

除了通过减少生产缺陷和增加产出外，自动化解决方案可工作在更小的公差带内，因而输入的原材料会被全部利用。在某些行业中，这将是一个巨大的成本节省。例如，在食品工业中，食品包装的最小重量是必须要达到的，自动化生产能对重量进行更精确的控制，从而减少用于保证食品包装袋最小重量的原材料的总量。这也适用于耗材的使用，通过自动化可更有效地使用耗材，不仅降低了耗材的成本，而且还降低了耗材的补充和存储成本。

151

7.1.7　遵守安全规则，提高工作场所的卫生和安全程度

通过对脏的、危险的、要求高的任务采取自动化解决方案，除了提高生产量和质量外，还节省了其他方面的成本。首先，减少了对个人防护设备的要求，这也能减少与个人防护有关的间接成本，例如购买和存储成本。这也潜在减少了员工保险成本，因为员工由于受伤而索赔的风险也减少了。

劳动力周转率也会降低，因为令人不愉快的工作通常拥有较高的劳动力周转率。这减少了雇用新员工的成本（详见 7.1.8 节）以及与培训和使用新员工相关的人力资源成本。

7.1.8　减少劳动力流动和招聘工人的困难

重复的、最脏的和最费力的工作通常是劳动力流动最高的工作。自动化带来的机会将产生新的工作角色，这些工作角色更具挑战性且减少了重复性劳动，但要求更高的技术水平，当然也会有更高水平的薪酬。公司对机器人自动化的投资展示了管理层的自信，从而在员工中产生积极的影响。所有这些因素，特别是最费力或者重复性劳动的消除，将降低劳动力周转率。

降低了员工流失率，与雇用新员工有关的成本也会降低。这不仅包含与雇用过程相关的直接成本，也包含培训成本和员工过渡阶段生产能力不足所涉及的成本。

7.1.9　减少资金成本

如 7.1.5 节所述，机器人柔性使得更小批量的生产成为可能，这减少了在制

品的成本和存货的成本。机器人能够提高其他机器的运行效率，甚至延长它们的工作时间，这意味着没有必要购买额外的设备（详见7.1.4节）。

机器人系统便于重新配置，这也为资金投入带来了长期收益。当更改产品的设计或者引进新产品时，机器人系统仍然能够被重新使用。虽然重新配置机器人系统需要花费一些成本，但是这些成本将比全部更换新机器所需要的成本低。

|152|

7.1.10　为高价值的制造业节省空间

自动化系统通常比同等的人工系统更紧凑。对设备的利用更有效和具有更高的产品生产能力，将减少占地面积。

节约空间带来的成本节省应该包括在经济性评价中。在某些情况下，自动化系统的使用将减少厂房扩建的需求，为企业带来了巨大的经济收益。

7.2　快速经济分析

有必要对经济收益进行快速检查，从而确定某个项目是否有机会被上级管理部门批准。快速检查可以确定经济回报是否有可能达到内部要求的回报期，也就是，经济收益与投资成本相抵需要多少个月。

第一步是确定自动化系统的预算成本。这需要制定初步方案（详见第5章），以及这种解决方案的预期成本。出于以下两种原因，引入供应商是十分值得的。基于他们的经验和对自己的产品性能的了解，他们可以帮助制定方案，这也许会带来一个更好的解决方案。他们也能够对系统的可能成本提供更恰当的预估。利用他们的经验和他们对需求的了解，实施所提的解决方案。

一旦方案确定下来，就可以确定由实施解决方案所带来的直接劳动力成本节省。注意，假如系统是多班制工作，那么需要考虑总的劳动力成本节省，也就是，每一班的劳动力成本节省之和。总的劳动力成本的节省可由下式计算：

$$节省的总年度劳动时间 \times 单位劳动时间的成本$$

或者

$$每个产品的总劳动力节省 \times 单位劳动时间的成本 \times 年度产量$$

|153|

上述两个公式都可以用来计算由于劳动力减少而带来的成本降低。

如果还有其他明显的成本降低，那么也应该把它们考虑进来。假如引进自动化生产方案意味着实现生产能力的提高，满足增长的产量需求，那么将有更多的节省，不需要为满足产量增加而雇用新的劳动力，也不需要增加新的机械和设备。这些成本降低的总价值可以按照月或年来计算。

通过预计成本除以总的节省来计算回报期是多少个月或者多少年（取决于节

省是基于月或者年计算的）。然后将该回报期与公司制定的标准进行比较，确定是否接近项目预计的目标回报期。

确定了预算回报期后，就可以考虑以下因素了。

7.2.1　计算应该多保守

我们一般从预算成本和其他所需要的额外开支等两个方面来做决定。其他的额外开支包括内部培训以及从安装完成到全面生产的试生产时间（详见 8.1 节）的成本。而且，有一些可以被量化的额外节省成本是已知的，如果把它们包括进去做详细计算，将会缩短回报周期。对这些问题进行评估将有助于我们理解回报期缩短或延长的可能性。

7.2.2　什么是技术风险

如果方案使用的设备和解决方法已经得到验证，对项目无故障实施有很高的自信心，那么就有可能实现预期的回报。如果这个项目需要采用未被验证过的方法或者在技术上需要飞跃，那么就会产生与之相关的风险以及由此导致的成本，这就会延长回报期。

7.2.3　方案是否具有柔性

154

如果制作方案时把其他产品考虑在内，那么就会提高利用率和回报率；否则，如果该方案专门用于某种特定的产品，回报期就会受到限制。

7.2.4　谁是投资的驱动者

客户的要求是自动化解决方案的驱动力。这可能归因于质量需求、增加的产量或者这种产品只能依靠自动化来生产。在这种情况下，投资决定需要考虑赢得这单生意的结果，以及假如丢失这单生意后的后果，与这位客户合作的其他项目也可能受到牵连。

7.2.5　解决方案过时了吗

如果方案中包括了许多专用设备，那么引进其他产品时，适应产品设计和产量变化的柔性就会受到限制。因此，经济性评价只能应用于某些特定的产品。假如行业变化或者顾客更改产品设计，那么未来就会存在风险。

如果方案的柔性高且引进新产品或者适应产品变化的成本小，那么只需要很小的代价就可以重构该系统。因此，自动化解决方案不会过时，经济性评价在较长一段时间内是有效的。

7.2.6 竞争能力

众所周知，当竞争对手已经引进或者正在引进自动化时，他们就会具有竞争优势。本质上，这不应该成为最重要的因素，因为竞争对手可能犯错误，但是这个因素也应该考虑在内，特别是当项目采用成熟的技术且风险不大时。

7.2.7 公司对自动化的态度

某些公司对自动化持非常积极的态度，管理高层相信自动化带来的利益并且理解对自动化的需求。在这种情况下，尽管经济性评价表明投资回报期接近或稍微超过规定的截止期，他们也可能接受项目建议书。管理高层也可能接受一些不直接的节省，这些节省被视为自动化带来的收益（详见7.3节）。在大部分公司中，如果已经成功实施自动化项目，且已经说明这些节省，那么这些公司的管理人员将会更加支持自动化项目，因为他们已经看到了能够实现的正面结果。

在某些公司中，管理人员没有充分意识自动化系统的好处，那么评价将更加艰难，而且管理人员不可能支持某些项目，这些项目的经济性评价带来的节省较少，或者这些项目的投资回报期相对较长。

7.2.8 项目实施还是不实施

已经进行了快速的投资回报计算，并且考虑了上述注意事项，那么确定是否有必要进行项目开发和进一步的经济性评价将变得可能。假如自动化项目的驱动者是最终客户的需求，或者竞争对手已经引进了自动化系统，那么决定将变得很简单，回报标准也将不再那么重要。

假如系统不是被外因驱动，那么回报期就显得很重要，并且需要根据未来是否可以缩短期望的回报期来做出决定。如果决定项目应该进行到下一阶段，那么总结其他节省是十分值得的，因为这将有利于对预算进行适当的分配（详见7.5节）。

7.3 明确成本节省

如上所述，除了直接的劳动力节省外，自动化解决方案的实施将带来许多不同的成本节省。举例说明如下：

- 固定产品质量和消除产品不一致性
- 提高安全性

- 提高生产制造柔性
- 提高操作可靠性
- 提高管理水平
- 提高产品产量
- 提高生产力
- 降低制造成本
- 减少边角料和返工率
- 减少占地面积

156

为了确定上述的节省或者其他节省能否成立，需要对现状和某项特定的自动化解决方案所带来的收益进行调查，并且进行对比分析。与财务、人力资源等其他部门共同协商来确定某些成本是十分必要的，因为这些数据无法通过常规生产而获得。然而，这是一项启发性的活动，因为某些成本不会与特定的生产操作直接相关，但是这些成本却来源于这些特定的操作，而且某些成本可能高于预期值。

一旦确定了可能带来的好处清单，下一步就是确定可以获得的成本节省。下面给出了怎样计算节省的例子。

7.3.1 质量成本节省

如果存在返工，并且自动化系统的一致性问题有望消除或者减少返工，那么节省可通过下式计算：

$$节省的总年度返工劳动时间 \times 单位劳动力时间成本$$

或者

$$目前的返工成本 \times 返工减少率\%$$

如果目前生产产生边角料并且能够减少边角料，那么产生的节省可通过下式计算：

$$产量提高率\% \times 年度产量 \times 单位成本$$

或者

$$年度减少的边角料量 \times 单位成本$$

同样，由于产品质量和一致性得到了提高，所以保修成本也会出现预期的减少，这由下式决定：

$$总的保修范围内的失效数 \times 失效减少率\% \times 修复成本$$

或者

$$目前的保修成本 \times 失效减少率\%$$

157

许多公司经常把保修成本换算成销售额的百分比，因此就能确定这项成本。

7.3.2 减少劳动力周转和旷工

如果某个需要实施自动化改造的操作的劳动力周转率非常高，那么与替换工人相关的成本就应该包括在经济性评价中。这些成本可通过下式来计算：

每人平均雇用成本 × 减少的员工数 + 平均培训时间 × 单位时间的人工成本

同样，如果与其他生产操作相比，某个操作存在过高的病假率和旷工率，那么经济性评价还应该包含病假/事假等附加成本以及对员工的培训成本。

7.3.3 卫生和安全

个人防护设备的成本可以由每人每年的个人防护设备成本乘以减少的就业岗位数量计算得到。除此以外，用于疾病和工伤的索赔也会减少。工伤索赔仅用于曾发生过工人索赔的情况，且工人直接从事的操作是即将被自动化取代的操作。如果将这些因素增加到经济性评价中，那么会明显缩短回报期。

7.3.4 占地面积节省

公司一般都有年度占地面积成本，包含维护、供暖和照明成本。如果占地面积成本已知，而且自动化解决方案减少操作所需的占地面积，那么空间节省就可以转化为经济成本，并用于投资回报计算中。

7.3.5 其他节省

其他节省的计算与上述例子相似。例如，耗材的使用量有望减少，那么成本的节省可由耗材的减少率乘以年度耗材成本得到。如果相同原材料所得的产量有望提升，那么节省可由产量的增长率乘以原材料的成本得到。

158

上述讨论都基于直接劳动力成本，可能没有包含与人工相关的管理、培训、人力资源等其他成本。这些成本将包含在间接成本中。在经济性评价中考虑这些成本因素是有道理的。如果每个人的总劳动力成本（包括间接成本）可以确定，并用于上述例子和人工节省的计算中，那么它将有利于经济性评价。

7.4 经济性评价

在许多种情况下，潜在的最终用户只考虑由自动化带来的直接劳动力成本节省，但是往往考虑其他好处来提升经济性评价。在某些情况下，如果其他主要的好处带来的节省可能超过劳动力成本的节省，则有利于达到令人满意的投资回报期，否则得不到令人满意的投资回报期。

　　评价应该涉及所有的相关因素，即所有的潜在成本节省。应合理地依次确定这些成本节省，包括自动化系统为什么会实现特定好处以及由这些好处带来的年度预期成本节省。从劳动力成本节省开始，然后是其他有形节省，最后是无形节省。在收益和节省不能保证的某些情况下，最好提供一个成本节省的范围，说明哪些是可以实现的，并合理解释成本节省范围的局限性。这种方法为经济性评价提供了可信度，因为不确定性是可以为客户所理解的。逐项列明所有的年度成本节省，就可以确定总的成本节省。基于成本节省的范围，总的成本节省体现了预期的最大和最小节省。

　　基于内部评价和供应商提供的报价，经济性评价还应包含自动化项目的预算成本。重要的是，预算成本包含系统交付所涉及的所有内容。还应该考虑与项目所要求的内部资源有关的成本。这些有关成本包括访问供应商的差旅费、培训成本以及专家咨询费等有利于项目实施的费用。考虑到在安装和试运行阶段中可能产生分歧，以及由此带来的额外成本也需要考虑。有可能需要提供工件用于试验、程序开发和试生产。之后这些工件就会废弃，所以这些工件的成本也应包含在内。由于项目存在的风险，所以经济性评价也应包含意外开支（详见 7.2.2 节）。应确定所有这些成本，并且合理地解释这些成本。特别地，明确并解释所有意外开支是十分值得的，因为这是一种保守的做法。

　　解释那些没有包括的经济性要素是十分必要的。这些要素包括投资带来的市场反响、打动未来和现在客户的机会、公众形象、员工动力，以及其他未能够在经济上量化的收益。

　　最后，投资回报期可以根据总成本和总节省计算出来。如果，在以前的计算中使用的是范围，那么结果也是一个范围。如果公司对投资回报期有明确的截止期，那么提供在允许范围以外的回报期就没有多大的价值，因为项目不会被批准。

　　过程可能是迭代的，第一次可能没有满足回报标准，但是随着进一步的工作（包括自动化的方案和成本或者对预期节省的识别与评价方面的工作），可能会缩短投资回报期。然而，不切实际地调整数字来达到"令人满意"的投资回报期是不值得的（详见 7.5 节）。

　　经济性评价的目的是基于实际的项目成本、实际收益、生产活动的成本节省或者在成本评价中被公司认为有效的内容，在公司期望的目标内实现回报期。假如这些都做到了，那么项目才有机会被批准。然而，需要注意的是，高级管理层可能会从公司的不同方面考虑许多不同的项目。总投资是有限的，所以这个项目可能需要与其他项目竞争而获得经济资源。相应地，预期回报的计算不能过于谨慎，因为这个项目可能不会被批准，因为管理高层可能倾向于那些较好预期回报期的项目。

7.5 合理预算

    预算作为在成本评价过程中最后的内容，提出的预算必须为项目成功实施提 160
供充足的资源。错误方法是把投资回报期作为最主要的因素，削减预算从而达到
所需的回报期。

    在这种情况下，很可能预算无法提供项目成功实施所要的资源。这可能无法
利用内部资源或者需要选择最低成本的供应商来满足被削减了的预算（见 8.2
节）。因此，在项目的某些阶段将会出现问题，这些问题将导致延期或者无法预
料的成本。这些结果的任何一种都不是有益的，而且很可能达不到管理高层的期
望。最终的结果将是自动化系统不会按预期实施或者成本超出了计划。因此，预
期的回报期将不大可能实现，最坏的情况是，系统会存在长期的可靠性和性能方
面的问题。如果这种类型的项目发生了，不仅会影响这个项目，而且还阻碍公司
将来在自动化方面的投资。

    所以，如果基于预期的项目成本，要求的回报无法实现，那么最好重新考虑
收益以及预期的节省，确保全面地分析和评估它们。

    经济性评价过程的总体目标是制定合理的成本节省，给出在公司制定的标准 161
～
162
内的投资回报期，合理地制定项目成功实施的预算，进而实现预期的成本节省。

Implementation of Robot Systems：An Introduction to Robotics，Automation，and Successful Systems Integration in Manufacturing

成 功 实 施

摘要

本章介绍了在说明书和经济性评价过程完成之后，成功执行自动化项目所需要的主要步骤。讨论了供应商的选择以及项目的计划和执行过程。之后，还讨论了让员工和供应商在不同阶段参与项目的好处。本章还回顾了一些常见问题以及如何尽可能地避免这些问题。

关键词：项目计划，供应商的选择，失效模式影响分析，安装，调试，文档，员工参与

自动化项目的成功实施需要一个项目经理，该经理拥有投资项目所需的所有技能和技术。自动化项目需要拥有自动化知识和专业技能的团队，但项目经理不一定需要有这些技能。相反，依靠必要的技术支持，项目经理可以完成规划、预算控制和常规的项目管理等任务。

自动化项目开发通常是一个循环往复的过程。如第 5 章中所述，这个过程开始于自动化操作的定义和初步方案的形成。然后对它们进行评估来确定风险和成本，对初始方案进行细化直到得到最优的解决方案。一旦方案确定，项目预算就可以确定，就可以制定相应的经济性评价（见第 7 章），并提交该项目以便得到批准。一旦项目获得批准，就可以创建详细的说明书（见第 6 章）。该说明书可能是基于已经开展的工作，但仍然需要把相关方案和用户需求整理成文档，发给潜在的供应商，希望他们提供报价。

该项目现在是真实的，并进入了实施阶段。实施过程的主要步骤有供应商的选择、系统构建和验收、安装、调试和进行生产。这些具体实施过程，连同项目计划指导、员工和供应商参与以及如何避免在实施过程中发生的问题等内容，均在下文中做详细介绍。

8.1 项目计划

第一个重要步骤是制定项目计划。说明书可能已经确定了大致的时间表，指出了计划订单日期和开始生产日期（SOP）。然而，制定一个更详细的、覆盖实施过程的时间计划是很重要的，包括外部供应商和内部资源。

第一个重要的过程是评审投标供应商提出的交货日期，确定它们是否与说明书中提供的时间一致。如果它们都在要求的期限内，则可以完全按照原先的时间计划实施项目。如果有一个或多个供应商的时间在要求的期限外，则应该与相关的供应商进行讨论，找出他们提出的时间表与初始时间有差距的原因。供应商可能由于现有的工作量大导致资源不足，或者在他们的建议书中备货时间过长。然而，相比于那些声称能在要求的日期内交货的供应商来说，他们可能提供了一个更符合实际的交货时间。也应询问那些声称能在要求的日期内交货的供应商，确保较短备货时间的供应商不存在较长备货时间的供应商的问题。如果调查发现原先的日期是有风险的，那么此时推迟安装时间也许会更好。为了一些不可预见的因素，以及为了适应项目各阶段产生的可能导致项目延迟的一些因素，在时间计划中还应该增加一些应急时间。这可能包括批准该设计所需要的时间（见下文）。最好确保高级管理层对交货日期和 SOP 时间的期望是可以实现的，而不是在将来项目拖期。

确定了交货日期后，项目经理应注意预计订单日期与供应商提供的备货时间。应该考虑供应商的选择以及订单签署流程等内部因素，特别是可能需要一定时间的环节，确保订单能切实地在供应商所要求的时间内签订。这些可能导致项目经理重新考虑交货日期。

然后从此时开始制订总体项目时间计划。因此，它应该包括评估潜在供应商的报价单和专业知识所需要的时间。如果需要，项目经理应该抽出时间来拜访这些供应商现有的客户，与多家供应商进行详细的讨论，确保说明书的要求在他们的报价中都体现出来。这样，选择供应商的日期也可以确定下来。在选择供应商后的一段时间内进行订单的生成和签字。这段时间还应该包括讨论条款和条件所需要的时间，以及确定最终的供货范围和价格等所需要的时间。这样，订单日期才能确定下来。

然后，项目经理可以根据供应商的备货时间确定交货前所需要的时间。备货时间可能包括许多阶段，如设计、制造、系统装配以及在供应商那里进行的工厂验收测试（FAT）。确定这些阶段的时间节点是很有必要的，尤其是如果在某个阶段客户需要介入。例如，这可能包括设计的审批、编程开发用的工件和 FAT 的性能测试等。在确定时间计划这一内容时，项目经理应该考虑由客户引起的所有延迟（如设计审批所需的时间）。

在项目进行过程中，通常需要举行多次项目会议。会议的次数和频率取决于该项目的规模和复杂性。作为推荐意见，在项目开始时制订月度会议计划往往是很有必要的，即使这些会议的次数在项目后期会视具体情况改变。这些会议的日期可以包含在计划中。这一阶段的具体情况视 FAT 而定，之后就可以交货。

交货后，项目经理应留出一段时间进行安装和调试。之后是现场验收测试（SAT）。SAT 之后就开始生产。允许一段时间的生产过渡期是有利的。在此期间内，员工能够获得新的自动化解决方案的工作经验，在这段时间结束后能够实现全面生产。如果自动化系统比较简单，生产过渡期可能不到一天的时间，但如果它是一个复杂的系统，则需要操作人员和维护人员进行大量的学习，很可能需要数个星期的时间。

在这些阶段中，需要使用客户的资源和产品，这个要求应该在计划中明确，确保其他部门知道需要什么、什么时候需要。可能还需要一定的培训，包括操作人员培训、机器人编程训练和维护培训。每一项培训以及人力分配的时间都应包含在该计划中，以便确保各部门可以按需要提供必要的资源。

上面制订的基本时间计划构成了该项目的初步计划。它包括主要的时间节点，如订单下达、项目启动会、设计审批、工厂验收测试、交货、现场验收测试和开始生产日期。如果可能，该计划还应该包括所有意外事件造成的延误。主要挑战是确保 SOP 既可以实现又可以满足公司的需求。

一旦供应商拿到了订单，在项目启动会议上，项目经理经常要求供应商提供一份详细的时间计划。将这份更详细的计划与最初的计划进行比较，根据需要做出一些调整，最后提供一份最终的项目时间计划。最终的计划应该用来监控项目的进展，突出所有变化的时间，并能够评估这些变化的时间带来的影响。

8.2　供应商的选择

在选择供应商时，最初的关键步骤是提供一份说明书（见第 6 章），供应商必须就此说明书进行报价。这也为各种报价单的评估提供了一个共同的基础，并且它可以确保所有供应商提供设备和服务的报价是为了实现相同的目标。每个供应商之间实际提供的设备和服务可能是不同的，因为他们报价所用的方案可能并不是同一个方案。

通常情况下，项目经理会接收多家供应商的报价。最优数目可能是 3，因为这个数可以确保讨论该项目所需的工作量以及获得供应商的反馈不太费时。项目团队必须做一些初步工作，以便确定发送报价请求的供应商，因为被邀请的企业必须有项目所需的专业知识和资源。如果某个可能的供应商不提供报价单或者在初期阶段达不到供应商评估标准（见下文），那么投入时间和精力与其合作几乎是没有价值的。供应商会在制作项目建议书上投入时间和资源，因此，只有拥有一定把握的供应商才可以发给他们报价请求。

收到报价单后，项目团队必须对建议书以及供应商经验和专业知识进行比较。第一步是评审这些建议书，确保它们涵盖了说明书的所有内容。供应商可能已列出不在说明书中的或其他例外的情况，必须进行适当的进一步调查，确定排除在外的原因以及客户的真实情况。仔细评审报价单可能会找出需要澄清一些情况。一个或多个供应商的报价单可能会提出一些与其他供应商不同的问题或者意见。也可能会有一个或多个供应商提出了不同的方案，这需要更详细的调查，以便确定该方案是否合适。

因此，需要与每个供应商召开评审会议，一步步地研究他们的建议书，确保建议书涵盖了整个说明书或者有适当的理由和合适的替代品代替那些没有涵盖的项目。与其他供应商共享某个供应商的建议书是不道德的，因此，与每个供应商的讨论应视为机密。

这些会议召开后，项目团队应该了解每个供应商对说明书的响应程度，这样就可以进行有效的比较。为了有利于这一评估工作的开展，团队可以制作一份包含关键项目的表，给每个供应商打分。这些关键项可以加权，以便确保在评估中反映它们的重要性。这一评估表的例子如表8-1所示。

表 8-1　建议书和供应商的评估

标准	分数	权重	重要性（%）
解决方案符合说明书	5	×5	25
解决方案技术的复杂性	5	×3	15
供应商的相关经验	5	×3	15
价格和付款条件	5	×4	20
项目时间	5	×2	10
服务和技术支持，包括保修	5	×2	10
培训	5	×1	5
合计			100

在选择供应商时，另一个同样重要的事项是评估供应商的经验和专业知识。如果供应商有非常类似的安装经验或者具有非常相关的专业知识，那么这家公司所拥有的知识也将有助于该项目，并还可以降低风险。相比于那些没有经验的供应商，该公司的报价单会更加专业，因此，有经验公司的报价可能会包括从以往项目中吸取的所有教训。这些经验或专业知识也应包括在总体评估中，并与价格的重要性相同，以便确保选择经验不足的供应商的风险被恰当地计入评估中。

供应商提供服务支持的能力也是很重要的。例如，如果系统是客户生产经营的关键部分，并且实行三班倒制度，那么有能力为客户提供 24 小时的服务支持，保证足够短的响应时间，可能是一个关键因素。往往只有大厂商有这种能力，因为较小的厂商没有必要的资源。因此，客户能自给自足以及能从供应商那得到服务支持可能是关键需求。

最后，还可以考虑潜在供应商的规模和资金稳定性。这些因素对于较大的项目来说更加重要，供应商为项目提供现金流的能力可能是一个问题。供应商更长远的生存能力也很重要，因为客户希望供应商能够为系统今后出现的问题提供解决方案，如果需要，可以为系统进行升级或重新配置。因此，项目团队必须评估所有供应商的长期发展前景。

一旦评估完成，供应商的选择就一目了然。经过比较，可能只有一个供应商能够满足所有的标准，并且得分最高。如果剩下多个候选供应商，可能需要与最合适的几家供应商做进一步的讨论，确定最终的供应商选择。这些讨论可能涉及价格谈判。如果涉及客户的采购部门，价格谈判是正常的。但最好不要给供应商过度地压低价格，因为这可能影响项目。所有供应商的目标都是获得利润，并且对客户来说，供应商获得利润也是很重要的。如果没有利润，许多供应商会尝试调整供货范围或者调整所选设备的质量，以便确保他们能够得到预期的利润。如果该项目让供应商出现亏损，这也可能会影响他们的长期发展。因此，应该进行价格谈判，确保为客户提供最佳的交易，同时也考虑到所有降价而产生的负面影响。

通常选择价格最低的供应商是得不偿失的，特别是在没有进行上面评估的情况下。该供应商可能在自己的成本预算中犯了错误或者低估了执行项目所需要的资源，这就会导致价格降低。随着项目的执行，供应商将意识到错误，并且，鉴于不让公司亏损，供应商将尝试弥补这些错误，在这种情况下，就只能导致项目出现问题。如果供应商既提供了最低的价格又满足了所有必要的标准，但这仍会让人不放心，增加一个应急方案来抵抗风险是很有必要的。如果增加了应急备用金，他们依然是最佳选择，那么就与他们签订合同，但是在增加应急备用金后，其他供应商可能会更有吸引力。

有些客户要求 5 个供应商提供报价单。最低的报价将被拒绝，因为供应商很可能已经犯了错误或低估了项目。最高的报价也将被拒绝，因为供应商或者可能已经很忙而不想要这项业务或者可能采用了不恰当的解决方案。之后与提供中间报价的 3 个供应商进行谈判。

在某些情况下，客户可能只要求一个供应商提供报价。这主要取决于供应商的经验以及客户对他们以前工作的满意度。这种单一来源的采购方法通常会为客户和供应商节省时间。如果当前的项目与以前的项目类似，这些之前的项目就可以作为报价评估参照。但是，如果该项目是一个新的系统，就很难评估该供应商提供的产品是否有很高的性价比，因为没有评估依据。单一来源的采购方法可能会发展供应商和客户之间长期互惠互利的关系。供应商能够在早期开展更详细的交流，他们实际上形成了方案开发和项目团队的一部分。然而，最好偶尔调查一下市场，确保客户能得到高性价比的商品。

在选定供应商后，客户就可以下订单了。这应该参考与项目有关的重要文档，包括相关说明书（URS）、供应商的建议书以及双方商讨的所有对这些文档有详细补充说明的其他文档。作为订单中应有的条款和条件，要求的交货日期也应明确说明。

8.3 系统的构建和验收

下订单之后，客户的项目经理首先召开包括客户的项目团队和供应商的项目团队的启动会议。通常各自的项目经理组织召开此次会议。启动会议的目的是评估整个项目，包括在系统中执行的操作、要加工的产品、供货范围以及项目的时间安排，确保供应商和客户之间没有产生误解。值得注意的是，供应商的项目团队通常由不同的人员组成，包括参与的销售人员，确保项目的各个方面都得到充分的理解并达成共识，这才符合客户的利益。 170

由供应商和客户双方商定，详细记录此次会议，避免现有的任何误解在以后变得不可控制。此外，此次会议后不久，供应商也应制作一份详细的时间计划表，确保客户知道时间计划中所有已调整的部分。这份时间计划应该包括所有的时间节点（见8.1节），并成为对该项目进展情况进行评估的文件之一。

接着进入项目的设计阶段。该阶段涵盖系统所有元素的详细设计和整个系统的最终设计。工具（如焊枪或夹具等）是否按预计接触工件，以及系统是否按计划的循环时间执行，都可以进行仿真。仿真可以基于方案制定阶段已经完成的工作（参见5.4节）。一旦设计完成，就应该将它提交给客户以便得到他们批准。客户应该检查设计，确保它们适合使用并符合相关标准。客户还应该验证该系统的设计是否适合工厂的空间分配和工作单元的操作，包括维护通道是否与生产环境相适应，假设该设计是一个可行的解决方案。

对设计进行多方面的评估是非常恰当的，尤其是在较为复杂的系统或应用中。这些评估可能包括对工艺和设备的故障模式影响分析（FMEA）。这些研究的目的是找出故障的潜在原因，以及该故障的可能频率和严重性。该研究应该由供应商和客户共同参与，并且它们不仅应该包括系统本身，而且还应该包括输入工件的变化以及系统外部可能对系统性能产生影响的其他问题。评估这些研究的结果，并且，对于那些认为是很重要的问题，团队应该定义清楚并确定责任方，谁负责提供方案并解决这些潜在的问题。

类似地，对于复杂或大型系统，进行一次维修和维护的评审也是值得的。这

[171] 样做的目的是确定进行必要维修和维护时系统内潜在的设备和工艺故障，以便确保系统能连续有效地运行。这可能需要变更设计，以便可以快速进行维修，减少停机时间。

　　在完成了设计和获得客户批准之后，供应商开始调配设备并制造该系统的元件。在许多情况下，系统是在供应商的场地创建，完成编程，并完成工厂验收测试。客户应定期访问供应商的工厂，查看工作进展情况并评估时间计划。

　　随着项目建设接近尾声，客户必须提供工件给机器人系统进行编程、测试和工厂验收测试。这些工件应该能够真正代表实际生产加工的工件。有时候，这很难做到，特别是对新产品。在这种情况下，客户和供应商必须达成共同协议，以便确定如何适应或评估所有的变化。

　　工厂验收测试是一个重要的里程碑。在这个阶段经常有发货和安装压力，因为该项目按照计划进行很紧张或者实际上已经延迟了。如果系统在工厂验收测试过程发生故障，供应商在自己的场地解决问题会比较容易且成本也比较低。客户可以选择推迟发货时间，直到系统没有问题，因为在客户场地中出现任何问题都将降低系统的可信度，这将在后面的生产中出现问题。因此，即使需要延迟安装，供应商和客户双方也都应确保 FAT 成功实现。

8.4　安装和调试

　　在供应商提供的建议下，客户制订交货和安装计划。可能需要中止生产，并从厂房中移除现有的设备或移动现有的设施，以便自动化系统能放置到厂房选址的区域中。如果生产场地需要暂时停止运行一段时间，那么就有必要提前多生产一些工件，以便确保工厂的其他区域能正常生产。在项目的早期阶段，供应商应该走访客户现场、审查安装情况和安装通道，并且供应商和客户必须制订一份联合计划，以便开展安装和调试工作。

[172] 　　如果在生产时间内交货，那么其他操作可能被中断，因此，生产人员需要知道交货过程需要什么，什么时候进行交货。为了避免发生这种情况，交货时间可以安排在生产时间以外，要么在计划停机时间，要么在周末。客户应提供必要的起重设备，比如叉车，除非这部分内容作为供应商的责任写在合同中。客户通常负责提供服务、电力、压缩空气和水，如果需要，应在商定的区域内进行安装。这项工作应在安装之前完成。

　　应该明确定义哪些工作内容客户自己完成，哪些工作内容由供应商负责。如果存在相关的分工合作，客户应该确保供应商了解所有与执行任务有关的监督或安全问题。例如，在切割或焊接时，可能需要消防员在现场。在客户的现场工作之前，对供应商员工和分包商进行一次现场安全课程教育是很有必要的，并且应提前计划。

如果可能，客户应分配一个或更多工程师来协助安装，特别是，要与现场的工作人员联系，以便解决供应商提出的所有问题，这会对整个项目非常有利。在此阶段，工程师还有机会更多地参与并获得系统的相关知识，当供应商完成工作离开现场后，这些知识可能是很有用的。

一旦安装和调试完成后，就开始现场验收测试。这可能需要在新的自动化系统与目前的生产（上下游）之间建立接口。这可能会导致生产出现问题。因此，需要由相关的生产人员审查 SAT 的要求和试验内容。

在成功完成 SAT 后，供应商将自动化系统交给客户，供应商的员工通常将离开现场。现在该系统的操作是客户的责任。在某些情况下，现场守护人员协助完成交接工作。是否需要守护人员取决于系统的复杂性和客户现有的专业水平。守护人员的目的不是为了操作该系统，而是为新的操作人员和维护人员操作和维护系统提供协助和指导。因此，守护人员只是为了协助工作。

在调试期间，供应商通常提供系统的操作和维护培训。一旦系统开始运行，培训就应该进行，可能在 SAT 之前或之后。重要的是，客户和供应商应该就培训的范围和培训人员的数量达成一致，尤其是如果有多个班次需要培训。重要的是每个班次都应有相应的人员得到正确操作和维护系统所必需的培训。

文档是很重要的，供应商应该在 SAT 后尽早将文档提供给客户。然而，文档常常在 SAT 完成后才能最终确定，以防文档中有需要进一步修改的地方。客户在 SAT 前拿到不完整版本的文档也是很有用的，一方面可以检查文档中包含的信息，另一方面当供应商的工作人员离开现场后，还可以提供一些备用资料。一旦项目完成，供应商就应该立即提供最终版本的文档。

8.5 操作和维护

一旦系统移交，所有供应商的员工就会离开现场，系统的操作将由客户全权负责。该系统按之前预计的操作运行是很重要的，并且提供给系统的工件必须符合项目开始时规定的标准。此外，如果需要维护（如更换耗材），那么应该按照文档中详细描述的方法适时地进行更换。

即使系统良好并得到充分验证，仍可能出现问题。这些问题通常是由于客户的操作人员和工程师无法像供应商的员工一样操作该系统而导致的。一旦发现系统出现了问题，客户可能需要请求供应商的支持。这种情况往往会引起冲突，一方面供应商认为他们已经按要求完成了工作，另一方面以前参与项目的工作人员可能已经开始投入其他的工作。

最终文档包的提供也可能是一个问题，因为有关的工程师经常忙于其他项目。因此，最终文档的优先级可能比较低，但重要的是必须快速完成。直到文档包完成并被客户接受，该项目才能完全交付。

在大多数情况下，一旦系统按计划操作，客户就不需要考虑其他任何的修改，除非有新产品或产品设计引入系统中。然而，它可以通过增加系统的产量来获得更大的生产能力。在项目中，由供应商设置和完成目标循环时间。一旦目标达到，供应商将不会做任何与提高产量有关的工作。随着时间的推移，客户的工作人员将有机会查看和评估设备的运行能力。如果他们已经有了必要的培训并给予了相应的机会，他们也许能够提高系统的运行水平。通常情况下，不用考虑进一步投资来更改系统，除非系统出现非常显著且合理的改进。如果存在改进，更可能是软件的更改，如机器人程序，或者可以在系统内部或用非常低的成本来实现的系统元件的简单更改。生产能力的增加目前可能并不重要，但它很可能在未来带来收益，因此也是值得的。

系统的维护和服务支持也必须予以考虑。通常，供应商提供 1 年的保修期，但在某些情况下，保修期可以是 2 年或 3 年。虽然供应商将解决在保修期内出现的问题，但不一定保证能快速响应出现的故障。所需的服务类型和水平依赖于供应商内部维护人员的专业知识和培训。如果系统对客户的生产很重要，那么可能需要全方位的服务响应，可能包括 24 小时的服务支持（见 6.2.14 节）。这看来很昂贵，但与解决上述问题相比，可能是很值得的投资。即使不需要一份应急方案，客户也可能考虑每年的维护合同，包括所需的维护以及系统检查。这些因素很大程度取决于内部人员的经验和专业知识。如果客户已经拥有一批机器人系统，那么他们可以自己处理大部分的维护和服务需求。

8.6 员工和供应商的参与

在大多数情况下，最好让员工参与项目，以便充分利用他们的知识和经验，同时不同团队成员合作可以为项目成功做出重大贡献。员工初期参与项目需要解决的主要障碍是引入机器人系统时造成生产人员的不安全感，特别是在与生产人员就业前景有关时。如果引入的系统是为了新的生产任务，那么不会让任何员工离职，但工人可能会将引入机器人系统视为他们未来工作的威胁。如果引入的系统将替代现有的生产，执行这些操作的工人显然会认为机器人系统威胁到他们的生计。因此，给工人清楚地解释引入自动化系统的原因以及对相关岗位或具体工作的影响是很重要的。管理层必须明确说明受影响的员工是进行再培训来操作机器人系统，还是将转移到工厂的其他地方工作。无论得到什么消息，参与自动化项目的各方都应全力以赴。这些团体可以使整个项目更容易且更有可能获得成功，否则他们也可能会制造问题或麻烦，这些问题不会直接阻碍项目的进展，但更多表现为缺乏兴趣、合作或参与。

8.6.1 供应商

如果新产品在设计和制造时的目标就是利用自动化系统制造该产品，那么客户可以让供应商在设计阶段参与而获得好处。供应商能够在实现自动化制造方面提供建议，他们可能建议修改设计方案，有利于自动化实施。如果这些更改在设计阶段的早期提出，可能只需要很少或者根本不用成本就可以实施更改。有些产品能够自动化生产，而有些产品则不能实现技术经济性好的自动化改造，对这两类产品来说，是否进行适合于自动化制造的设计更改，差别就会很大。即使产品设计已经完成，或许在客户责任以外，客户也应与供应商讨论产品设计。供应商可能建议一些小的可行的修改，这些修改有可能对实现自动化生产产生重大影响。

8.6.2 生产人员

生产人员的参与对自动化项目来说是非常重要的。因此尽可能早地获得他们的全力支持和参与是很值得的。如果是在现有的生产操作上实现自动化改造，那么项目团队应该在方案阶段就让相关人员参与。这些工作人员正在进行生产操作，他们理解这些操作中的困难、输入工件的变化，以及实际的操作过程，包括在生产实际中发现的变通方法。这种类型的信息通常不是具体的生产说明书，生产管理人员或工程团队可能并不了解它们。然而，如果缺乏这些有关实际情况的知识，自动化项目可能面临困难，甚至失败。即使项目组正在考虑将自动化系统应用在新产品或新生产操作中，现场工作人员也可以根据其知识和经验，提供有价值的建议。因此，生产人员的参与可以为方案设计和说明书制订等提供非常有价值的意见或建议。

生产人员继续参与整个项目也是值得的。他们不一定参加所有的会议，但团队应该让他们持续了解项目的进展。如果在设计阶段进行失效模式影响分析，生产人员就可以提供有用的信息。在供应商处进行的工厂验收测试也是一个很好的机会，它可以让操作人员了解自动化系统，增强他们对自动化的信心。一旦交付和安装，这些操作人员可以作为安装团队的成员，并为供应商提供帮助。这会增加他们对设备的熟悉程度，如果在早期阶段生产人员就加入项目中，还会提高他们的主人翁精神。让他们觉得自动化设备是自己的，这种观念可能成为系统成功的关键。如果生产人员希望系统正常工作，他们会尽一切可能确保系统工作。相

176

反，如果他们不觉得自己是项目的一部分，对系统缺乏主人翁精神，他们不会积极解决任何问题，而是等待别人来解决所有问题。主人翁精神可以归结为态度问题：生产人员是否希望系统工作？这可能是非常重要的，因为他们可能成为项目成功的关键因素。

在项目的适当阶段，对生产人员进行培训也是很重要的。可以在供应商或客户的场所对操作人员进行实际系统操作培训。进行更详细的培训（例如，在机器人编程）可以提升操作人员的能力和状态，提高他们对项目的支持力度。

8.6.3 维护人员

维护人员可以为说明书的制作提供宝贵的意见。这些员工对不同供应商的各种设备具有许多经验。因此，维护人员可以提供许多细节，如哪些设备最可靠，哪些供应商提供故障、维护和备件的服务好。这些知识可以浓缩为首选供应商的名单，并列入说明书中（见第 6 章）。

维护人员也可参与系统方案的评审，让他们知道如何对系统进行维修，从维护的观点评价建议的解决方案是否具有可行性。同样，维护人员可以提供有用的观点，评论不同供应商的建议书。此外，如果在项目的设计阶段进行维修和维护方面的调研，维护人员可以提供有用的信息。

维护人员应该在客户那里接受系统培训。这些人员参与系统的安装和调试是很有益的，在帮助供应商的工作人员的同时，也可以提高他们的自身能力。针对系统中的一些设备提供具体的维护培训，也是很有必要的。如果需要进行培训，则应该在安装日期前，但要接近安装日期。这样，员工在协助安装时可以对自动化设备有更好的理解。

8.7 避免问题

所有自动化项目通常有以下的生命周期：
- 项目方案
- 项目启动
- 系统设计和制造
- 实施
- 操作

问题或失败有可能发生在项目的任何一个阶段，通常，当问题变得明显时，问题的根源很可能来自项目的早期阶段。为了避免问题，团队必须在项目的早期阶段投入适当的时间、资源和专业知识。例如，在方案阶段详细的调查可以对风险和潜在问题有更好的理解，因此，可以采取必要措施避免这些风险并减少问题。值得注意的是，纠正问题或解决问题需要的成本通常将随着项目的开展而增加。在项目的设计阶段解决问题可能花费很少的成本，但如果问题直到试运行阶段才暴露出来，那么纠正相同问题的成本将显著增加。

　　本节讨论一些经常出现在自动化项目中的问题，寻找如何避免这些问题的方法（Smith，2001）。目的是为了说明如何在项目的早期阶段采取适当的措施来避免这些问题，因此，在项目早期阶段的某些投资是值得的。 |178|

8.7.1　项目方案

基于一个不切实际的商业案例的项目

　　客户基于各种假设来判定项目。如果发现这些假设是不现实的，它可能是由于客户的经验不足，那么团队应该找出问题，在更切实际的假设上重建商业案例。否则，客户在项目结束时会感到失望，这对供应商或客户都是不利的。

基于最新技术或不成熟技术的项目

　　这个问题在自动化项目中比较常见。该项目的发起人对公司目前可以达到的、当前可用的、价格合适的技术，过于自信。发起人应该了解相应的专业知识，即使这需要外部资源帮助。如果必须使用未经验证的解决方案，那么考虑到所涉及的风险，预算和时间表就必须宽裕一些。为了避免以后的纠纷，相关的公司，特别是高级管理层，必须在项目开始前认识到真正的风险。

缺乏管理高层的支持

　　如果管理者对项目中的一个或多个客户工作人员有影响，那么这个问题可能导致一些后续问题。例如，如果生产管理层不支持，那么即使工程管理人员全力以赴，项目实施和操作阶段也将是非常困难的。这一问题虽然很难解决，但供应商也可以从客户工作人员的全面支持中获得好处。这对于负责该项目的工程师是很有利的，他可以获得对项目有一定影响的任何一方的支持。

客户的资金和时间预期是不现实的

　　在争取项目时，供应商可能发现很难满足潜在客户对价格和交货时间的期望。然而，最好诚实地面对，即使有可能丢掉项目，不要接受不现实的条款，以至于在后期不能按期交付。只要供应商的立场是正当的，直白和诚实的态度可以增强客户对供应商的信心，导致订单中标，并与客户建立更好的关系。 |179|

8.7.2　项目启动

供应商对成本、时间或设备性能不切实际的期望

　　供应商可能很热衷于赢得业务或者可能不了解执行该项目需要哪些资源。这

些情况往往是由于供应商的工作人员缺乏经验导致的。与已经发生未知风险或维持不切实际期望来赢得业务的供应商合作，是不符合客户利益的。客户可以获取和比较多个报价，评审潜在供应商的专业知识和资源，走访他们以往的客户现场来评估他们的经验，通过以上方式评估风险的大小。

客户未能定义和说明需求

缺乏用户需求说明书（URS）是这类问题中最明显的一个例子。在这种情况下，确定客户的真实意图，仔细评审它们，并与客户详细交流，这些都符合供应商的利益。实际上，供应商帮助制定说明书，为评价项目提供依据。

未能实现平等关系

客户和供应商之间的关系不需要友好，但它需要开放、平等和基于相互理解。如果在项目的早期阶段二者的关系紧张，那么当项目快要结束时，它将发展成为较大的问题。如果工作人员不能更换或无法找到改善关系的方法，那么供应商从项目中退出可能会更好。

缺乏客户人员参与

在许多情况下，自动化系统的最终用户（如车间员工）没有参与项目的开发和实施。尽管很难解决缺乏客户人员参与的问题，但是，从供应商的利益出发，应让客户鼓励这些最终用户参与，为项目提供建议和支持。

180

糟糕的项目计划、管理和执行

这可能发生在客户方或供应商方，它通常表现为员工的"干仗"模式。通常的原因是制订了不现实的时间计划，该计划不能正确地反映所涉及任务的规模或为风险提供任何应急方案。该问题可能无法在某个具体项目中立即解决，但应该在项目中吸取经验教训并进行必要的投入，包括适当的培训，这样问题可以在未来的项目中得到改善。项目运行推迟的成本或超过预算的费用往往高于培训费用。

未能明确定义角色和职责

这个问题经常出现在客户和供应商为交付项目共同承担责任时。当项目涉及多个供应商，他们都直接与客户签订合同来交付项目中的各项部件时，该问题就显得更严重。处理多个供应商的关系是很困难的，这就导致许多客户只与一个主要供应商合作，该供应商对项目全面负责并控制整个项目，所有其他供应商都与这个主要供应商签约，这就是所谓的"交钥匙"工程。虽然这样的安排确保客户与供应商之间有一个联系点，但也需要确保对主要供应商的责任有合理的划分。

问题出现在供货范围不一致或接口不对应上。这些通常在项目的后期才变得明显，尤其是在安装和调试阶段。避免这些问题需要一个全面而清晰的说明书，并明确定义每个供应商的角色和职责。

8.7.3　系统设计和制造

未能"冻结"需求和应用变更控制

客户可能没有提供说明书或明确定义需求，在报价过程中还出现了反复迭代。在项目实施的初始阶段这一情况可能会继续。供应商可以轻松地继续满足这些变化，直到后期发现成本承受不了了。然后供应商通常试图挽回这些成本，但常常会导致客户和供应商之间出现问题。最好修正说明书，然后在需要更改的地方修改文档。同时，供应商应通知客户这些变更对成本的影响，如果成本高于预期，可以为客户提供重新考虑的机会。

181

供应商在前一个阶段结束之前开始一个新阶段

供应商可能通过设计和制造并行来加速项目的进度，以便试图找回失去的时间。这种方法可能是危险的，它应该只适用于负面影响是已知的并且风险是最小的情况。例如，在设计完成之前，有些制造可能已经开始，如果在设计上有变化，那么该阶段的设计将不会对已经进行的制造产生影响。

未能进行有效的项目评审

如果在项目的进展过程中，供应商和客户之间不进行定期的评审和沟通，那么在后一阶段就可能出现问题。这可能出现任何一方都持"鸵鸟政策"来回避解决问题。如果问题被留到项目的后期，那么最终的解决方案将更加困难。

8.7.4　实施

客户未能管理好隐藏在项目中的变更

特别是对于第一个项目，引进自动化项目可能需要改变客户人员的工作态度和工作习惯。如果那些操作和维护系统的人员希望设备好好工作，该系统将会很好地运行。因此，客户必须得到所有参与人的支持。这些工作应该在实施之前进行，如果供应商在这方面有异议，那么在项目的早期应该提出来与客户商定。

8.7.5　操作

用户培训不足

当供应商离开现场时，这往往变得很明显，系统的性能或可靠性不如供应商的工作人员在场时。供应商必须确保客户的员工接受相应的培训，并且他们可以根据需要操作和维护系统。

客户不能维持系统正常运行

尽管很难影响客户的态度，但是如果系统需要继续按计划运行，那么供应商必须确保客户理解系统需要适当的维护。

客户无法衡量项目的效益

最初制定商业案例项目的项目工程师，应确保实际的性能和输出量能被测量出来，并与经济性论证的指标相比较。任何超出性能的指标都应该被强调，性能不足之处需加以研究，为未来项目的经济性论证提供指导。

8.8 小结

在承接自动化工程项目时，客户最常犯的错误是：缺乏对输入工件的控制；不能从车间获得支持；不能解释什么是供应商真正需要做的；最后纯粹是基于最低采购成本选择供应商。所有这些错误都是可以避免的，但是，需要在项目中采用恰当的方法。

自动化会突出输入工件的质量问题，因为它不具有与手动操作相同的灵活性。然而，假设输入系统的工件可以达到系统设计所需要的参数，那么系统产出的整体质量将会提升。

制订详细的说明书有利于与供应商沟通用户需求。如果没有这份说明书，供应商就不清楚什么是用户的真实需求，在项目后期，这经常导致误解和分歧。因此，这是一份重要的文档，客户应该投入时间和资源，提供一份全面的用户需求说明书（URS）。

毫无疑问供应商的选择很重要。然而，客户通常选择成本最低的供应商，并很少调查他们的能力。在这种情况下，说明书可以保护客户的利益，但是，如果供应商未能履行说明书中的条款，仍然会给客户带来额外的成本。再次重申，客户应该投入时间，全面调查供应商和他们的专业技能，确保选择的供应商最合适这个项目，即使该供应商提供的报价不是最低的。

任何项目的关键部分是客户和供应商之间的双向沟通。客户必须解释需求的基本细节、技术规范，还要包括实际输入公差、真实操作的细节、可能会出现的问题以及所需要的柔性。相应地，供应商应该解释系统真正的产量，包括可用性、过渡时间、运行系统所需的技能，以及接受的输入公差。这需要一个开放的关系，不仅仅根据成本，而且还要根据专业知识和经验。供应商和客户之间的良好合作关系可以克服许多问题，并且最终结果对双方都有利的。

客户还必须鼓励自己的员工参与，并且必须为使用系统的人员提供培训。这种参与有利于熟悉设备、消除恐惧因素等。它还为项目团队提供迅速纠正问题的能力，并建立对设备的主人翁精神，培养员工解决问题的主动性和确保系统按计划运行。这也给客户提供了在供应商离开后进行改进的信心，这可能比原计划的产量更高。这些好处超过了培训的成本，并且是非常值得的。

最后，实际性能和从自动化项目中所产生的所有节省都应该与最初的经济性评价进行比较，最终成本应该与预算进行比较。通过这种评估来表明该项目是否达到了目标，它也为未来项目提供宝贵的经验。

184

第 9 章

Implementation of Robot Systems：An Introduction to Robotics，Automation，and Successful Systems Integration in Manufacturing

结　　论

摘要

本章总结了在前面各章中所讨论的自动化设备、应用以及项目阶段等内容。讨论了自动化战略，包括自动化与精益生产之间的关系，讨论并确定了该战略的好处。在本章的最后提出了未来展望，以及所有制造企业在投资机器人系统时都应考虑的一些问题。

关键词：精益生产，自动化策略

早期的自动化系统专用于制造一些特定的产品。这些系统仅适合于有限范围产品的大批量生产，并且变更产品设计及批量大小的代价非常高。机器人的出现给开发和使用柔性自动化系统提供了机会，使自动化系统可以更好地满足当前产品的生产需求，也就是说，能够满足更大范围的产品及数量的变化，同时缩短产品的生产周期。

机器人是体现最高柔性的自动化机器。它们最初被视为具有重构能力，不仅可以制造不同规格的产品，而且可以适应完全不同的软件。目前的机器人仍然具有这种能力，尽管它们经常不以这种方式进行重构。除了一些专业应用（如喷漆）以外，一般的机器人系统均可以适用于多种应用领域。第 2 章综述了机器人的基本构型以及如何选择最合适的机器来满足某种需求等关键问题。

机器人软件已经变得越来越重要。控制能力的增强已经显著改进了机器人的性能并使系统的开发、安装和操作变得更加简单。专用的应用软件已经成为其中一个日益重要的元素，提供了系统配置和控制应用设备的能力，以及专门为应用程序设计操作接口的能力。

随着机器人技术的不断提高，其周边设备也已经作为标准产品被开发出来，例如变位机和移动导轨等，提升了机器人对特定应用的性能。此外，人们还开发了一些功能包来提供应用功能，并作为机械部件和功能控制部件与机器人集成在一起。这些功能包减少了设计和开发定制方案的必要性，从而缩短了生产机器人系统所需的时间，提供了更经济的方案，并提高了机器人系统的可靠性。

机器人已经成为了柔性自动化解决方案中行之有效的元素。然而，必须注意的是，机器人只是完整解决方案的一个要素，并且它无法单独完成任何事情。完整的系统需要其他设备，把机器人整合到总体生产制造过程中并执行所需的任务。第 3 章概述了自动化系统中的常见设备。第 4 章回顾了机器人常见的应用以及这些应用的具体需求。

针对制造难题，制定合适的机器人解决方案可能看起来很复杂，但它其实包含了与其他投资项目类似的步骤。因此，它可以由任何一位有资质的工程师来处理。首先，必须确定项目的需求，包括工件、任务和产量。其次，可以确定系统的主要元素，包括机器人类型的选择和所需的机器人数量。最后，可以配置其基本布局，包括工件输入/输出以及操作接口和安全系统概要。这个过程在第 5 章中进行了更详细的讨论。

在此阶段，项目的经济性评价可以从两方面考虑，分别是方案的实施成本及实施过程中累积的效益。成本-效益分析将决定该项目是可执行的还是应该重新考虑，并提供可行的经济性评价。有关经济性评价的内容已经在第 7 章进行了描述。 186

如果项目是可行的，就可以进行更详细的工作。这很可能涉及外部的供应商，这时，准备详细的说明书是很重要的，以确保对项目需求有清晰的理解，这些已经在第 6 章中进行了讨论，需要再次强调的是，投入在说明书上的时间是非常值得的，它可以避免在项目实施以后出现大问题和浪费资金。

在项目批准实施之前，最后的内部障碍一般都是该项目的经济性论证。所有公司的任何投资都需要某种形式的回报，所有项目必须达到这个要求。花时间在经济性论证上是值得的，确保所有的潜在好处是确定的，并用财务术语表达清楚（见第 7 章）。这项工作确保适当的预算来购置必要的设备和服务，以达到预期目的。

尽管在任何项目中适当的资金是一个关键元素，但还需要正确地执行项目，以便确保设备选择、方案形成、经济性评价等所有的工作都达到所需要的结果。这个过程的关键要素，包括一些可以避免的问题，已经在第 8 章中进行了讨论。如果已经确定了适当的预算，那么就可以购置适当的设备和必要的服务。如果项目在供应商和客户员工的共同努力和适当的计划下正确地执行，那么系统执行的结果将是预期的结果。因此，将产生预期的效益，期望的经济回报也将实现。这个项目将取得成功。

在任何阶段走捷径都是冒险的。在项目的早期阶段，如果没有详细的工作，那么无法预料的问题和风险将增加，同时也将增加项目的成本和时间，而这些问题也将长期存在。所以，值得花时间、资源和金钱来确保所有的风险都已及早了解，并已确定了解决方法。同样，详细研究以便确保经济分析是正确的也是大有益处的。在某些情况下，因为技术风险或缺乏适当的财务回报，项目可能不会进行。这些项目在短期内可能不可行，但几年之后成本效益可能提高或获得新的解

[187] 决方案。所以，与其执行一个注定要失败项目，不如等待在未来实施一个成功的项目。

9.1 自动化战略

以上所有步骤都是每个机器人项目设计和实施的必要组成部分。可能在不同的阶段需要引进外部资源来协助。这可能是通过供应商，也可以寻找独立咨询公司，因为他们对任何阶段的任何决策都没有具体的利益诉求。然而，最好是加强内部员工的能力，这样他们能够在没有外部支持的情况下独立完成工作。所以，为项目的初始阶段和机器人系统的操作与维护进行员工培训是非常有益的。它提供了更大的自给空间，因此减少了出现任何问题的可能性及其危害程度。如果项目仅是一次性的，那么这种在员工上的投资通常是不可能实现的。这需要领导者对自动化系统拥有一个更具战略性的眼光。

大多数企业开发和实施商业计划。他们考虑的问题包括产品研发、经济增长目标和金融资源等。为了从自动化系统中获得最好的收益，制定和实施自动化战略是有利的。这可能会形成总体商业计划中的一个元素，或者一个独立的生产制造改进策略。

任何生产制造的关键点是操作的有效性和高效率。精益生产作为一种经营理念，最初起源于丰田。精益生产的目的是通过着眼于 7 个生产方面的浪费来改善操作（Womack and Jones，2003）：

1. 生产过剩。
2. 制造过程中多余的运动。
3. 生产步骤之间的延迟。
4. 库存过剩。
5. 加工工件时人或设备的动作浪费。
6. 工件过度加工。
7. 查找和修复缺陷。

自动化系统有助于解决上述浪费问题，相反，如果没有很好地计划和实施，这实际上会增加浪费，并对企业盈利产生负面影响。因此，在开发自动化战略时[188] 考虑精益生产的基本原则总是值得的。许多情况下，在考虑任何形式的自动化系统之前就要考虑精益生产并取得初步进展，可能是有好处的。在自动化生产过程中，一个具体步骤的价值是很有限的，特别是，一旦产生问题，将在其他地方产生更大的问题。

如果整个制造策略既包括精益生产，又包括长期的自动化战略，那么自动化系统的实际好处将得以实现。这种自动化战略应该包括一个长期计划，可能长达10年之久，其目标定义为在该时期结束时生产制造将会是什么样子。人们可能认为这太困难或者有太多的变数，包括技术变革等。但是如果你都不知道你的目标在哪里，你又将如何到达那里呢？如果有可能制订基于未来评估的商业计划，那么同样也可以制订一份自动化战略计划，将生产制造和所使用的自动化包括在内。

自动化策略为解决妨碍自动化系统实现的长期问题提供了机会。其中第一个就是培训和提高工作人员和工程团队的技能。自动化策略有助于确定长期的需求，并为培训提供方向性指导，以便实现这些需求。首先，工程部门负责完成寻找自动化的机会，然后开发方案和实现自动化解决方案等任务，将受益于在项目实施和管理上所做的培训，以及更多的专门关于自动化和机器人技术的培训。通过离开生产环境而有时间去增长他们的专业知识与技能，并且在没有日常工作压力的情况下，人力资源将显著受益。这种在时间和精力上专注于一小群员工的投资，也许就是一个人，将会给企业带来长期效益。

工人也得益于某些培训，特别是生产监督和维护人员，因为是他们确保自动化设备安装后的正常运行。培养少数工作人员成为机器看管人员，承担日常设备运行的责任，为今后的产品编程并改进现有系统。这些员工所拥有出众技能可以让他们成为关键员工，确保从现有的自动化系统中生产出最好的产品，并投身于新系统的开发。

当有重大变化时，与所有生产员工进行沟通是很有利的。自动化系统的应用经常被看作是对工人就业机会的威胁，因为它往往会取代一些工作岗位。这种沟通可以逐个项目地依次进行，但如果有一个指引如何壮大企业的长期战略，那么沟通将会更容易实现。因此，自动化系统并不是一种威胁，而是对当前员工以及未来就业均是有利的。

189

自动化策略可以帮助解决的第二个主要障碍是经济性评价。很多项目因为不符合所需的财务标准而没有得到批准。在某些情况下，简单的项目出于同样的原因而无法实施。许多公司都不得不采取更复杂的项目，因为这是唯一能满足企业回报需求的方法。但这种方法会导致两个问题。首先，能带来效益的项目都没有得到执行。虽然投资回报周期会较长，但是如果所用的设备可带来数年的价值（往往超过10年），企业就会随着项目的实施而逐渐壮大。其次，实施简单的项目更容易且风险更小，通常也更容易成功。它们还为员工提供宝贵的学习机会，为开展更复杂的项目获得必要的专业知识。由于这些原因，自动化的长期效益说服了高层管理人员并采取适当的步骤来达到目标，自动化战略为改进业务提供了方向。

如果企业正在寻求外部融资来实施自动化的解决方案，那么能够证明投资是长期计划的组成部分就会非常有利。金融机构很可能会向那些能够证明自己有一个连贯计划的企业提供融资。企业打算如何提高竞争力和盈利能力的自动化战略，将是融资方案中最有价值的内容之一。

自动化战略在竞争新的或已有客户的新业务时也是有益的。如果公司能够阐明在未来的几年内它是如何计划提高其生产经营能力的，可能是以价格优势赢得业务，尤其是如果公司可以证明客户也将受益，那么它将更有可能赢得业务。许多公司在刚刚拿下一份新合同时都面临自动化系统的需求。如果公司具有所需的经验以及快速执行项目的能力，那么这将是可以实现的。但对于首次实施自动化系统的公司来说，这将是非常具有挑战性的。因此，与其试图拿到订单后再实施自动化，不如先拥有自动化生产经验和准备。自动化战略可以解决这个问题，特别是当它与整体商业计划联合开发时。

这种战略的另一方面是便于与供应商发展长期合作关系。理解公司的长期需求，而不是简单地基于单个项目选择供应商，提供了更强有力的关系和互信机会。因此，这为双方提供了更好的结果。与关键供应商交流自动化战略，将有利于他们对公司未来需求的理解，可能帮助他们在产品和服务方面做好准备，并在需要时，满足这些需求。

自动化战略是非常有益的。它必须与总体商业战略密切相关，所以确实需要高级管理层的认同。这可能需要时间来完成自动化战略，但是一旦完成了清晰的长期计划和实施的步骤，就更容易随着计划的进展一步步地发展公司的自动化，提高技能、专业知识、竞争力等。类似于任何商业计划，自动化战略应定期评审，以确保它符合公司的需求并且考虑了技术的变革。

9.2 展望

2014 年，本书创作时，工业机器人基本上是一条胳膊，需要通过安全防护措施与手工操作者隔离。随着双臂机器人的出现，它可以与人类一起工作或合作完成任务，上述局限性即将改变。据预测，这可能预示着工业机器人新时代的到来，开启了新的应用领域，尤其是在装配应用和操作上。人们开始对更易操作和编程的机器人的研发产生浓厚的兴趣，特别是一些小型企业。这可能对工业机器人市场的规模产生重大影响，特别是当整个系统的费用与雇用工人的成本相同时。

服务机器人的发展突飞猛进。机器人技术将持续发展，提高处理非结构化环境的能力，并且能够更安全舒适地与人类互动。在服务机器人领域内技术的发展将有利于整个工业机器人行业的进步，一方面促进新技术的开发，另一方面可以实现这些技术的商业化。服务机器人面向广大消费者，将比工业机器人销量更大。因此，这些机器和设备将能够大规模和低成本地生产出来。如果相同的技术可以应用于工业机器人，对工业机器人用户来说将会有显著的成本效益。

这些进展可能促使销售到制造行业的机器人数量有一个阶跃式增长。对于采取适当的措施将机器人使用在生产操作过程中的公司来说，柔性自动化将可以提高其竞争力和盈利能力。这些公司也将会壮大并成功。因此，对制造业来说，调研机器人技术是很重要的，评估机器人技术是否适用于他们的制造业务并制定战略，在适当的情况下实施柔性自动化解决方案。

引用 Henry Ford 的一句话：

如果你需要一台机器而没有购买，那么你会发现，你最终付出了更多的成本，却仍然没有机器。

总的来说，如果你要花这个钱，就应该买台机器。柔性自动化有时需要长时间的思考，但是从长远来看，还是为业务提供了最好的结果。

同样，引用 John Ruskin 的一句警言：

如果付出太高的价格，这不是很明智；但是付出太低的价格，则是更糟糕的。如果你付出了更多的费用，你只会损失一些金钱，仅此而已。当你付出过低的价格时，你可能失去所有的一切，因为你用低价格买的东西可能不能胜任它应该完成的任务。

付出很少而得到很多在市场规则中是不可能的，这绝不可能实现。如果你与提供最低价格的商人做交易，那么就请你在此基础上考虑一些你将要面对的问题和风险。如果你这样做了，你就会发现有足够的钱买到更好东西。

请记住最便宜的解决方案不一定是最好的，而在选择供应商时，详细地审查他们的建议书、经验和专业知识才是最重要的。

最后，恳请所有还没有完全接受机器人和柔性自动化好处的制造企业行动起来。我认为有 3 个支柱构成成功制造企业的基础：

- 产品和工艺的创新。
- 有效的组织（精益生产）。
- 设备上的资金投资。

最好的和最有竞争力的企业已经考虑了所有 3 大支柱，并已经制定计划，不断提升这 3 个方面的业务能力。任何一个方面都是很重要的，但往往人们最不关注的是设备投资。在当今世界，柔性是关键点，因此，机器人应该成为所有生产制造企业的重要元素。

参 考 文 献

Engelberger, J.F., 1980. Robotics in Practice. Kogan Page Limited, London, UK.

International Federation of Robotics and United Nations: Economic Commission for Europe, 2005. World Robotics: Statistics, Market Analysis, Case Studies and Profitability. United Nations: International Federation of Robotics, New York.

International Federation of Robotics, 2011. Positive Impact of Industrial Robots on Employment. Metra Martech Limited, London, UK.

International Federation of Robotics, 2013. World Robotics, Industrial Robots 2013. International Federation of Robotics, Statistical Department, Frankfurt, Germany.

Smith, John M., 2001. Troubled IT Projects Prevention and Turnaround. Institution of Electrical Engineers, London, UK.

Womack, J.P., Jones, D.T., 2003. Lean Thinking: Banish Waste and Create Wealth in Your Corporation. Simon & Schuster, New York.

缩　写　词

2K（Two Component），二元

3D（Dirty，Dangerous，and Demanding task），脏的、危险及要求苛刻的任务

AGV（Automated Guided Vehicles），自动引导车

CAD（Computer – Aided Design），计算机辅助设计

FAT（Factory Acceptance Tests），工厂验收测试

FDS（Functional Design Specification），功能设计说明书

FMEA（Failure Mode Effect Analysis），故障模式影响分析

GPS（Global Positioning System），全球定位系统

HMI（Human Machine Interface），人机界面

IFR（International Federation of Robotics），国际机器人联盟

IP（Ingress Protection or International Protection），防护等级或国际保护

IP67（Ingress Protection），防护等级；6 = 完全防止灰尘；7 = 当外壳浸在 15cm ~ 1m 深水中时将不会受到影响

I/O（Inputs and Outputs），输入/输出

MAP（Manufacturing Automation Protocol），制造自动化协议

MES（Manufacturing Execution Systems），制造执行系统

MIG（Metal Inert Gas），金属惰性气体

MIT（Massachusetts Institute of Technology），麻省理工学院

MTBF（Mean Time Between Failures），平均故障间隔时间

MTTR（Mean Time To Repair），平均维修时间

PLC（Programmable Logic Controller），可编程逻辑控制器

PPE（Personal Protective Equipment），个人防护设备

PUMA（Programmable Universal Machine for Assembly），可编程通用装配机器

RSI（Repetitive Strain Injuries），疲劳损伤

SAT（Site Acceptance Test），现场验收测试

SCADA（Supervisory Control And Data Acquisition Systems），监控与数据采集系统

SCARA（Selective Compliance Assembly Robot Arm），选择顺应性装配机器手臂

SOP（Start Of Production），生产开始日期

TIG（Tungsten Inert Gas），钨极惰性气体

URS（User Requirements Specification），用户需求说明书

参 考 网 站

下面是提供有用信息来源的网站，包括行业协会以及一些相关的机器人和设备供应商。

相关协会

国际机器人联盟	www. ifr. org
机器人工业协会（美国）	www. robotics. org
英国机器人和自动化协会	www. bara. org. uk

机器人制造商

ABB	www. abb. com/robotics
Fanuc	www. fanucrobotics. com
Kuka	www. kuka-robotics. com
Yaskawa	www. yaskawa. eu. com
Kawasaki	www. khi. co. jp/english/robot
Toshiba	www. toshiba-machine. co. jp/en/product/robot/
Mitsubishi	www. mitsubishielectric. com/fa/products/rbt/robot/
Adept	www. adept. com
Staubli	www. staubli. com/en/robotics/

自动化设备供应商

SVIA（机床喂料）	www. svia. se
Schunk（抓手）	www. gb. schunk. com
Unigripper（成型抓手）	www. unigripper. com
RNA Automation（送料设备）	www. rnaautomation. com
Cognex（图像设备）	www. cognex. com
Festo（自动化设备）	www. festo. com

|附录 A|

Implementation of Robot Systems: An Introduction to Robotics, Automation, and Successful Systems Integration in Manufacturing

询　价　信

（使用公司的信纸）

日期××／××／××

尊敬的××××，

项目名称

请您查收附件中的用户需求说明书，在我们的工厂中（地址），我们需要符合要求的机器人焊接系统应用。

我们希望收到您对上述项目的正式报价，并请您提交详细的建议书。您的报价应提供足够的细节，让我们可以公平地评估您的建议书。建议书至少应包括以下内容：

- 时间计划（从下订单到全面生产），包括重要的时间节点。
- 总体系统设计，主要包括布局图和主要尺寸。
- 主要设备的细节。
- 装配循环时间、产量及可用性。
- 系统的局限性。
- 所有分包商，以及他们提供的设备/服务的细节。
- 任何特定的地面以及基础要求。
- 周边配套服务需求（包括系统布局的位置）。
- 价格。
- （公司）的验收条款和条件（附件）。
- 其他。

如果您能提供适当的客户现场信息，并说明我们是否可以联系他们。

请通过回复确认您是否提交项目建议书。

接收建议书的最后期限是在（日期）**下午 5 点。**

建议书初步评审后，我们会邀请选定的企业到（公司）做介绍，并更详细地讨论他们的建议书。这将在（日期）前进行。我们可能希望提前去这些公司和已有的客户那里拜访。我们计划在（日期）确定最终的供应商以及之后的订单情况。预计在（日期）将系统投入使用。

付款条件如下：

- 20% 在接受订单后。
- 20% 在设计批准后。
- 40% 在设备交付完成后。
- 10% 在现场验收测试成功后。
- 10% 在项目完成后 30 天（包括现场留守人员、培训和文档等）。

付款必须满足（公司）标准条款和条件。

如果您有任何关于这个项目的问题，请随时与我联系。

敬上，

（项目负责人或购买者）

203

（联系方式）

| 附录 B

Implementation of Robot Systems：An Introduction to Robotics，Automation，and Successful Systems Integration in Manufacturing |

用户需求说明书

项目名称	
修订编号	
文档状态	
发行日期	

B. 1 概述

该客户是一家领先的转包工程客户，在英国 X 生产基地。客户制造范围广泛，针对汽车、风能和建筑行业的 OEM，主要制品为钢铁和铝材。

该客户已经完成了在数控机床方面的重大投资，用于待加工件的下料，包括激光切割和折弯，因此可以制造高标准和严公差的工件。然而，焊接操作大多数是手工进行的，并采用 MIG 焊接工艺。本次投资的目的是采用合适的自动化焊接设备来提高焊接操作的生产率和所生产的工件质量。

本文档的目的是用于报价。它为供应商提出解决方案和拟定建议书提供所需要的基本信息。一旦确定了最终解决方案，将与选中的供应商合作制订一份功能说明书。

B. 1. 1 电流焊接操作

客户有多种 MIG 焊接设备，包括来自 Esab 和 Kemppi（一般 300 ~ 350A）的系统。夹具已经内部制造，同时在需要时还提供了手动操作的夹具来进行简单的工件定位。

在 B. 2 节中提供了要焊接组件的更多细节。输入工件在一个单独的车间内准备，其中包括切割和折弯操作，位置靠近焊接区域。工件批量从 20 ~ 100 不等。根据工件的类型，装入不同的箱子或搬运器中，并运送到焊接区。

每个焊接工位通过焊接网隔开，通常包括一个操作台，上面安装有固定的待焊件的夹具。焊接夹具存放在焊接区域的附近。每个焊接站配备一套 MIG 焊接设备和一个焊工。总共有 20 个焊接站。

焊接车间按两班制工作，每周 5 天，每班 8 小时。聘用 20 个电焊工上白班及 10 个电焊工上夜班。将待焊接组件的工件运送到焊接工位。每个电焊工视情况将工件放置在夹具上，并进行必要的焊接操作。组件通常分阶段生产，但是对于一些较小组件，所有工件都在焊接前安装在夹具上。一旦组件焊接完成后就将它们放在位于焊接工位外的架子或箱体里。当架子或箱体装满后，就将它们移走并更换新的架子或箱子。

B. 1. 2   自动化方案

客户打算引进一批机器人焊接系统，逐步实现大多数焊接操作的自动化。这将分成多个阶段来完成，但每个阶段都必须是有效的且经济上是可行的。因此，该客户正在寻求如何做效果最好，和引入何种自动化解决方案。

本说明书提供正在生产的工件的所有细节（见 B. 2 节）。据悉，不是所有这些都是由第一套机器人系统生产出来的。因此供应商需要考虑哪些工件应该由第一套系统来解决，确保引入的第一个系统达到项目的目标，得到充分利用，并为后续引进的机器人焊接提供良好的基础。

客户设想了一套自动化系统的方案，它允许操作员在一个工位将工件加载到夹具上，而机器人在另一个工位进行焊接操作。完成以上两个操作后，机器人和操作员将交换工位，允许机器人继续焊接而操作员卸载焊接的工件，并加载新工件。平衡焊接时间和加载/卸载时间非常必要，既要确保机器人利用率的最大化，也要考虑有效利用操作员。

提出的解决方案必须包括能够快速且可重复地更换夹具，确保用最短的停机时间实现不同组件之间的转换。方案还必须考虑工件运送和拆卸已完成组件的方便性。

最好采用一套标准方案来解决当前全系列的产品。结果将是几种常见的工作单元，它们可以灵活地生产出任何组件。然而，针对某些工件，顾客也愿意考虑其他方案，如果能从中明显受益。如果使用多种自动化方案，那么就需要仔细考虑设备的利用率。值得注意的是，自动化概念必须具有柔性，以便满足未来产品的设计变更以及新产品的需求。

当前焊接车间的布局如下所述。第一个机器人单元的位置尚未确定，供应商需要考虑如何能够使所提出的机器人方案很好地适应现有的车间布局。还应该考虑在安装和调试机器人单元时，不得中断现有的生产任务。客户建议供应商在安装过程中，安排人员亲临现场查看生产区域及有关设备。

B.2　需求

本节将确定需要考虑的主要参数和系统运行的要求。

一旦该周期启动后，供应商提出的解决方案必须是全自动的，且具有自动运行能力，能够安全、有序地加载/卸载工件。设计的系统必须每星期 7 天、每天 24 小时不间断可靠地运行，且维护或故障恢复的停顿时间最短。

B.2.1　产品

下面列出了目前生产的组件和图纸，详细说明了工件和焊接需求。

名称	工件编号	年产量	典型批量大小

B.2.2　公差与质量

工件的公差和所有组件的公差都标在图纸上。如果供应商对机器人焊接能否实现这些工件和组件所需的公差有任何顾虑，都必须在建议书中提出。

焊接需求也标注在图纸上。除了满足这些需求以外，所有焊缝必须具有良好的外观以及最少的飞溅。客户将提供一套手动焊接工件给选定的供应商，作为机器人系统生产出来的工件的最低可接受标准。

该系统的合格质量产出率必须达到 99.5%。产出率定义为每班生产的可用工件的数量除以同一段时间内焊接的工件总数。

[208]

B.2.3　夹具

对于第一套系统以及选择要由该系统生产的组件来说，客户希望供应商的建议书中包括适当的夹具及相应的供货范围。供应商应该提供最适当的夹紧技术及夹具编码，以便于基于设备内的夹具（多个）自动选择相应的机器人程序。

夹具之间的转换必须快速且可重复。供应商应在其建议书中给出实现这一目标的最佳方法，并与他们所选定的方案相符合。

供应商应该提出由单个机器人生产这些组件的最有效的操作，以及最符合成本效益的解决方案。客户希望设计的机器人生产线符合当前焊接设备的运行时间，也就是说，可以两班倒。

B. 2. 4　循环时间和可用性

供应商必须估算循环时间，即机器人系统以 100% 的效率生产所选定零部件的循环时间。

此外，生产量应根据批量大小和 B. 2. 1 节中确定的生产总量来确定。系统的目标可用性是 85% 。生产量计算应包括由于维护、夹具更换等产生的 15% 的停机时间。

B. 2. 5　焊接设备

客户将接受供应商推荐的最适合机器人系统的焊接设备。供应商必须确保推荐的所有焊接设备能够满足这种类型的系统、焊接组件、生产速度所预计的系统输出功率和工作循环时间。

209

焊接设备应该能够焊接所选组件的材料。如果在各个组件之间需要设备转换，那么必须明确从钢铁到铝材，或者从铝材到钢铁，转换方法和执行此方法所需的时间。

供应商必须提供一个完整的焊接包，包括焊枪安装、清洁、防飞溅和焊丝切割。此外，欢迎提出有关焊丝输送、卷筒或散装的建议。

B. 2. 6　控制和人机界面

操作员面板将安装在邻近加载/卸载区域的方便位置。这是为了提供操作、系统维护的功能，以及故障恢复功能。这些功能至少包括：

- 组件/程序选择
- 系统启动
- 系统停止
- 紧急停止
- 故障位置指示

控制系统还将提供生产管理信息，包括：

- 每班生产的组件的数量和类型
- 循环时间
- 设备综合效率（OEE）

系统还包括一个具有时间和日期的停机日志，包括停机的原因、故障清除导致的停机时间。比如：

- 焊接设备故障
- 机器人故障

- 由于产品短缺而停机
- 由于清洁/预防性维护而停机

机器人和控制系统应该包括备份和重载程序的能力。它们也有合适的分级密码保护，防止对程序、设置和记录进行未经授权的更改。

B.2.7 围栏

围栏由钢板构成，具有适当的观察窗口。它必须确保操作过程中人无法进入 [210] 自动化设备。必须给系统的所有区域提供简单而又安全的通道（使用适当的联动装置），便于系统出现故障时排除问题。围栏可以保护操作者以及在工作台附近的其他人员免遭电弧光的伤害。

当机器自动连续工作时，在1m范围内其噪声必须低于80dB。如果生产过程产生的噪声超过此极限值，那么围栏必须安装适当的降噪声设施。

应该在焊接区域围栏的上方设置一个通风柜，并保证有适当的照明。通风柜带有合适的通风口，允许客户连接管道将焊接烟雾排出。

B.3 供货范围

供货范围是一个完整的、成套的机器人焊接单元，包括所需设备的设计、制造、组装、测试、交付、安装和调试等。利用这些设备可以提供优质焊件。

B.3.1 客户提供的设备

无。

B.3.2 安全

自动化系统的设计和制造必须符合现行的安全法规（参见 B.4 节）。当工人执行文档指定的操作和维护（参见 B.3.13 节）以及进行由供应商提供的培训时（参见 B.3.14 节），系统必须是安全的。系统对所有其他人员、可能偶尔使用或系统附近未经培训的操作员也必须是安全的。

B.3.3 服务

在系统附近范围内，客户将在供应商指定位置提供以下服务：

- 415V 三相电
- 24V 直流电
- 压缩空气，70psi（pound per square inch，1bar≈14.5psi）

请注意，确保空气清洁和电源稳定，以便保障自动化系统的安全运行，这是
供应商的责任。

B.3.4 项目管理

供应商将任命一名项目经理，他负责项目并负责联系客户代表。在接受订单
时，应将项目经理的姓名和联系方式提供给客户。

在订单确认后的 14 天内将举行项目启动会议，会议人员包括项目经理、项目
团队（包括所有主要分包商的代表）和客户团队。会议将建立项目目标、日程安
排和沟通渠道，并确认项目时间表和关键时间节点。

启动会议后的 7 天内，项目经理将发布一个最新的和详细的项目时间计划。

项目经理将代表供应商负责履行合同时间内的义务，包括：

- 项目计划
- 项目资源
- 质量控制
- 项目监督
- 分包商控制
- 客户沟通
- 变更控制

B.3.5 设计

机械设计采用适当的 CAD 工具进行，并且在制造之前交给客户评审。

同样，项目团队制作系统的功能设计说明书（FDS），并在制造之前交给客户
进行功能评审。

与客户的评审工作还包括安全评审，即客户的健康和安全。

客户批准的设计不包括任何设备性能方面的验收责任。保证设备性能仍是供
应商的责任。

B.3.6 制造和装配

设计完成和批准后，将开始制造和装配。包括采购外购件、开始制造机械部
件和控制系统，同时也将开发相应的软件。

所有装配工作均在供应商处进行，如果在另一个地点，位置必须通知客户。
在通知项目经理后，客户有权在任何阶段查看制造和装配情况。

所有的工作和生产设备，包括软件，必须符合当前的规定（见 B.4.6 节）。

B.3.7 交付前测试

制造完成后，系统将进入一个新的阶段，系统的功能操作将能很好地展现出来。客户将给现场提供一定数量的零部件，根据时间计划和项目经理认可的要求，让供应商测试系统的运行情况。

然后供应商将进行工厂验收测试（FAT），演示系统达到了说明书提出的要求。同时将邀请客户参加这些测试。在执行测试之前，测试的细节以功能测试说明书的形式提供给客户，以便得到客户的认可。

工厂验收测试包括初步检验设备和文档，判断是否符合用户需求说明书的要求。在这之后按照功能测试说明书进行功能测试，包括自动化系统连续运行一段时间。

在此期间，每种组件将生产 5 件，并且当这 5 个组件生产完成后，夹具会转换。系统将继续生产另一种组件，产量是 5 件，直到所有由系统生产出来的组件都通过测试。供应商将负责测试系统的装载和卸载工作。

在交付前测试中，将记录各个组件的以下信息：

- 每个组件生产的循环时间（CT1、CT2、CT3、CT4、CT5）
- 任何原因导致的系统停机时间（DT）
- 夹具转换所需的时间（FCT）

循环时间和可用性计算

记录生产每批 5 个组件的总时间，与供应商提供的这些组合件在 100% 效率下（参见 B.2.4 节）的循环时间估算值进行比较，确定是否已经达到了预期的循环时间。 213

即

$$循环时间 = （CT1 + CT2 + CT3 + CT4 + CT5）/5$$

基于这 5 个组件的生产时间，可以计算实际生产指定批量工件（见 B.2.1 节）所需的时间，从而就可以定义"焊接时间"。

即

$$焊接时间 = 循环时间 × 批量大小$$

将审查停机的原因，以便确定它们是否是因为设备的功能或系统性能以外的其他原因造成的。任何修改都将计算到停机时间（DT）中。修正后的停机时间将乘以实际批量与 5 的比值（见 B.2.1 节），定义为"停机时间"。

即

$$停机时间 = DT × 批量大小/5$$

每种组件的生产时间为：

$$生产时间 = 焊接时间 + FCT + 停机时间$$

对每个组件（组件1，组件2，…）重复上述计算。总的焊接时间是所有组件的焊接时间之和。

$$总焊接时间 = 焊接时间（组件1）+ 焊接时间（组件2）+…$$

总生产时间是所有组件的生产时间之和。

$$总生产时间 = 生产时间（组件1）+ 生产时间（组件2）+…$$

可用性定义为：

$$可用性 = 总焊接时间 / 总生产时间$$

然后将可用性与 B.2.4 节中指定的目标可用性进行比较。

如果工厂验收测试不符合供应商的说明书，供应商有权要求修改或改进，并在交付系统前再次进行工厂验收测试。

B.3.8　交付

一旦验收测试圆满完成，设备将随时准备装运和交货。

在验收测试结束后，供应商负责把组件和任何未使用的工件返回给客户，费用由供应商负责。

B.3.9　安装要求

在项目的早期阶段，供应商将进行现场调查。调查的目的是检查地板，确认建筑尺寸和相邻设备的位置。虽然通常并不是所有地基或地板都需要修改，但在项目早期向客户通知基础建设要求是供应商的责任。

供应商将制作布局图纸，确认设备的位置。供应商也将指明在该位置所需的条件（空气和电力）。这些必须在交付之前得到客户的批准。

B.3.10　安装与调试

项目经理将为系统的安装提供明确的书面"工程说明"，包括系统的安全，并事先进行风险评估。安装计划还将确定参与人员的数量，是否需要客户的协助，是否有可能中断现有的生产。

供应商的工程师将在现场安装设备。客户将提供叉式起重车和司机，协助卸货和摆放设备。

供应商的工作人员将严格按照承包商的现场规则以及健康和安全规范操作。项目经理的责任是确保所有与项目相关的工作人员了解必要的安全要求。供应商将负责为其工作人员和分包商提供适当的个人防护设备。

B.3.11　最终测试和验收

一旦系统完成调试，工作人员将进行现场验收测试（SAT），确认是否符合说明书。现场验收测试完成后设备将正式由客户接管。

现场验收测试预计在竣工后的两周之内进行，具体日期由双方商定。如果阻止供应商在这段时间内进行这些测试，且供应商没有过错，那么视为接管已经发生，默认客户接受设备。

在完成初始现场验收测试后的 5 个工作日内，供应商将提供一位工程师留在现场。工程师无需操作系统，但是提供解决问题援助或故障援助。

B.3.12　现场验收测试程序

初始现场验收测试包括初步检查设备和文档，是否达到用户需求说明书的要求。之后按照功能测试说明书中定义的细则进行功能测试（见 B.3.7 节）。这与工厂验收测试类似，但将生产出完整批次的每种组件（见 B.2.1 节）。

在测试期间，为生产每种组件记录以下数据：

- 总操作时间（TOT）
- 任何原因导致的系统停机时间（DT）
- 夹具转换所需的时间（FCT）

在供应商的指导下，客户将派人来加载和卸载工件。

循环时间和可用性计算

记录生产每种组件的总操作时间并与供应商提供的循环时间估算值（在 100% 的效率下）进行比较（参见 B.2.4 节），确定是否达到预期的循环时间。

即

$$循环时间 = 总操作时间/批量大小$$

审查停机原因，确定是否是设备的功能或系统性能以外的其他原因造成停机。任何修改占用的时间都计入停机时间（DT）中。

每种组件的停机时间（DT）之和为总的停机时间（DT^{TOT}）。同样，每种组件之间夹具的转换时间（FCT）之和为总的夹具转换时间（FCT^{TOT}），每种组件的总操作时间（TOT）之和为总体总操作时间（TOT^{TOT}）。

可用性定义为：

$$可用性 = TOT^{TOT}/（TOT^{TOT} + DT^{TOT} + FCT^{TOT}）$$

然后将可用性与 B.2.4 节中指定的目标可用性进行比较。

如果设备成功实现初始的现场验收测试，那么将执行最终的现场验收测试，以便确定系统的可靠性。这将在 5 天内进行，有供应商留守人员在场。在正常生产条件下，由客户运行系统，同时记录所有停机时间的细节。这段时期内的可用性将使用上式计算并与 B.2.4 节中规定的需求进行比较。

如果设备通过了初始和最终现场验收测试，客户接受系统。如果设备在验收前任何阶段出现故障，供应商将负责所有的整改工作，所有的现场验收测试将重新开始。供应商将延长现场人员留守时间，直到现场验收测试成功完成。

B.3.13　文档

所有设备都应易于维护。

要求提交一个"内置"文档包，包括：

- CE 认证。
- 电气图纸。
- 完整的软件清单，包括注释。
- 描述系统的操作过程的 FDS。
- AutoCAD 图纸。
- 可外购的物品及其来源，以及外购件的参考代码的完整清单。

[217]　　操作和维护手册将与系统一起提供给客户。它包括安全使用说明，满足电气和机械方面的规范。同时还提供详细的故障恢复步骤和推荐的预防性维护措施，包括所需的步骤和频率。此外，还包括推荐的备件和耗材的清单。操作和维护手册将以 1 张 CD 的形式提供给客户。

B.3.14　培训

客户充分认识到针对具体需求所做的适当培训的重要性。经验表明，如果所有的使用人员和管理人员都受到良好的培训，就能实现设备的顺利交接。

建议书应该包括在现场验收测试之前进行适当的培训。包括对 4 位操作人员和 2 名技术人员的培训。技术人员在接受机器人编程和维护培训的同时，也接受有关机器人单元的培训，包括预防性维护、故障查找和错误恢复。建议书应提供培训细节。

实际的操作培训应在供应商留守人员在现场的一周时间内进行。

B.3.15　备件及服务合同

建议书必须推荐购买适当的备件。备件的最终清单将在系统安装完成后由项目经理向客户详细说明。还要重点说明磨损件，建议书应包括足够的备用件，以便保证机器在两班制基础上可以运行 6 个月。

建议书还包括提供适当的服务合同。这必须至少包括每年的预防性维护，也可以包括其他选项，如故障求援等。

B.4 常规

以下部分提供了有关该项目的常规信息。

B.4.1 联系方式

本项目客户方联系人的主要联系方式：

名字

职称

住址

电话号码

手机号码

电子邮件地址

218

B.4.2 说明

如有需要说明的事项，请按照 B.4.1 节中指定的联系方式联系。所有的说明必须以书面形式确认，也可以使用电子邮件。

B.4.3 环境

项目环境是典型的生产车间。供应商必须检查车间并提出系统所放置的位置，同时应在项目早期提出可能出现的所有问题。

虽然该系统将坐落在一个封闭的建筑物内，但当设备停止工作时，它可能处在低于 0℃ 的温度环境中。

B.4.4 首选供应商

客户使用的设备，优先考虑以下供应商：

* 气动——××
* 电气——××
* PLC——××
* 电机和变速箱——××
* 焊接设备——××

B.4.5 保修

设备的保修期是现场验收测试完成后的 1 年内。保修包括更换所有磨损或损坏的零件，保修期包括恢复和重启系统时间、旅行时间和必要的生活时间（疏忽和发生误操作不在保修条款内）。供应商之前确认的磨损件（见 B.3.15 节）不在保修范围内，除非发生了不可接受的快速磨损。在这种情况下，供应商需要调查原因并根据保修条款提供补救措施。

219

B.4.6　标准

系统和设备必须满足符合所有相关标准的 CE 需求，包括机械规范 2006/42/EC、低压规范 2006/95/EC 和 EMC 规范 2004/108/EC。

210

索　引

索引中的页码为英文原书页码，与书中页边标注的页码一致。带有 f 的数字为图的页码。

推荐阅读

机器人建模和控制

作者：马克 W. 斯庞 等　译者：贾振中 等
ISBN：978-7-111-54275-9　定价：79.00元

机器人系统实施：制造业中的机器人、自动化和系统集成

作者：麦克·威尔逊　译者：王伟 等
ISBN：978-7-111-54937-6　定价：49.00元

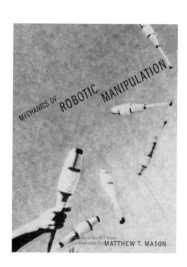

机器人操作的力学原理

作者：马修 T. 梅森　译者：贾振中 等

发展型机器人：由人类婴儿启发的机器人

作者：安吉洛·坎杰洛西 等　译者：晁飞

推荐阅读

机电一体化系统设计（原书第2版）

作者：戴夫德斯·谢蒂　译者：薛建彬　ISBN：978-7-111-52923-1　定价：89.00元

本书深入讨论了机电一体化设计过程的关键内容，探讨了其发展方向，重点讲解系统建模和仿真，详细介绍了传感器和换能器的基本理论和概念、几种类型的驱动系统、控制和逻辑方法，特别是机电一体化系统中的控制设计，讨论了实时数据采集的理论和实践。最后还介绍了在智能制造领域机电一体化技术的发展。第2版经过了大幅的扩展和修订，新增了众多设计示例和习题，并结合LabVIEW和VisSim进行仿真，旨在帮助读者理解机电一体化系统的设计方法。

PLC工业控制

作者：哈立德·卡梅 等　译者：朱永强 等　ISBN：978-7-111-50785-7　定价：69.00元

该书是一本介绍PLC编程的书，其关注点集中于实际的工业过程自动控制。全书以Siemens S7-1200 PLC的硬件配置和整体自动化集成（Totally Integrated Automation）界面为基础进行介绍讲解。其内容包括：自动化及过程控制基本概念、继电器逻辑基础及PLC结构和原理、PLC计数器和定时器的应用编程、模拟模块、梯形图逻辑和HMI、模块化程序设计、开环和闭环过程控制、综合性设计项目实例等。

开源实时以太网POWERLINK详解

作者：肖维荣 等　ISBN：978-7-111-50785-7　定价：49.00元

本书从现有工业以太网技术的比较开始，概要性的介绍了主流的几种实时以太网，详细介绍了POWERLINK实时以太网技术。内容包括POWRLINK的技术原理，特点，具有哪些功能，以及应用层CANopen的概念，这些基础的技术理论。进而介绍了如何实现和使用POWERLINK，包括如何组建和配置POWRELINK网络，如何诊断网络错误等。最后介绍了POWERLINK的典型应用，包括运动控制和过程控制。